天文觀測超圖解

Astronomical Observation Guide

星空篇

李德生 著

萬里機構

前言

親愛的天文迷們，仰望星空，你是否曾被那浩瀚無邊的宇宙深深吸引？觀星不僅是一種愛好，更是我們探索未知、感悟宇宙的奇妙方式。《天文觀測超圖解（星空篇）》正是為了喜歡仰望星空、懷揣夢想的探索者而精心準備的觀星寶典！

讀過本書的姊妹篇《天文觀測超圖解（日月篇）》後，你是否已經急不及待地想要深入了解那些閃爍的恆星、神秘的行星、迷人的衛星、絢爛的流星、壯麗的彗星以及深邃的深空天體？那麼，這本《天文觀測超圖解（星空篇）》正是你期待已久的好幫手！它將帶你領略更多天文奇觀，讓你在星空的懷抱中暢遊無阻。

本書具有以下特點：

（1） 內容豐富：內容涵蓋天文基礎知識、星座解讀、觀星技巧等多個方面，幫助讀者全面了解天文知識。

（2） 通俗易懂：書中採用簡潔明瞭的語言，配以生動的插圖，讓天文科普知識不再晦澀難懂，同時增加了趣味性。

（3） 實用性強：書中提供了日食時間表、月食時間表、流星雨時間表等 20 個常用觀測時間表，還有 88 個星座觀測資訊表，涵蓋星座中英文名稱及縮寫、最佳觀測月份、可見地點、星座位置、目測大小、星座面積、星座美圖、主要恆星數量、最亮恆星、流星雨名稱等內容，幫助讀者輕鬆掌握觀星技巧。

（4） 插圖精美：書中配有 80 多幅天文知識解析圖和星空圖，讓讀者更加直觀地了解星空景象。

書中的天文數據主要參考《大辭海》（天文學．地球科學卷）、《恆星與行星》、《世紀天圖》、《美麗星空》、《劍橋天文愛好者指南》、《宇宙百科》等天文類專業圖書。在本書的出版過程中，本人與出版社編輯傾注了大量的心血，對全書的天文數據進行反覆查核與審校，力求確保內容的準確性、完整性和可讀性，儘量避免錯誤和遺漏。然而，由於知識的廣泛性和複雜性，本書仍然可能存在疏漏之處，懇請讀者提出批評和建議，以便我們不斷改進和完善。

目錄

一、恆星觀測

二、行星觀測

三、衛星、流星、彗星觀測

四、深空天體觀測

五、星座觀測

附錄一

附錄二：星座觀測資訊

一、恒星觀測

恒星

恒星是由熾熱氣體組成，能自己發光的天體。維持恒星輻射發光的主要能量來源是熱核反應。太陽是一顆離地球最近的恒星。在天氣晴好的夜晚，人類肉眼所看到的小光點絕大多數是恒星。過去因為這些天體距離遙遠，肉眼短時間內感覺不到它們的位置變化，故稱其為恒星。實際上恒星是在不停運動的。

恒星的觀測

恒星的肉眼觀測內容，主要是觀測四季星象，以及一些標誌性的恒星，像北極星、最亮的恒星、最近的恒星、最遠的恒星、最大的恒星、最小的恒星、不同顏色的恒星等。

接下來，我們將逐步了解恒星的命名、恒星的運行、恒星的數量、恒星的壽命、恒星的演化、恒星系統等內容。

恒星是如何分類的？

恆星有大小之分、顏色之別、輕重之差，因此恆星的分類方式有很多。一般主要有光譜類型分類、光度與溫度分類、穩定性分類、體積和質量分類、關係和運動分類、成因或起源分類、組成結構分類、壽命分類等。

(1) 按光譜類型分：

O（藍色）；B（藍白色）；A（白色）；F（黃白色）；G（黃色）；K（橙色）；M（紅色）。

(2) 按光度與溫度分：0 特超巨星；Ⅰ超巨星；Ⅱ亮巨星；Ⅲ巨星；Ⅳ次巨星（亞巨星）；Ⅴ主序星（矮星）；Ⅵ亞矮星；Ⅶ白矮星。
(3) 按恆星穩定性分：穩定恆星和不穩定恆星。
(4) 按體積和質量分：小型恆星、中型恆星、大型恆星和超大型恆星。
(5) 按關係和運動分：孤星型、主星型、從屬型、伴星型、混合型恆星。
(6) 按成因或起源分：碎塊型恆星、凝聚型恆星和捕獲型恆星。
(7) 按組成結構分：簡單型（非圈層狀結構）和複雜型（圈層狀結構）恆星。
(8) 按恆星的溫度分：低溫型、中低溫型、中溫型、中高溫型和高溫型恆星。
(9) 按恆星的壽命分：短命型恆星和長命型恆星。

恆星是如何命名的？

國際上通用德國天文學家約翰．拜耳（Johann Bayer, 1572-1625）的恆星命名體系，把每個星座內的恆星按亮度減少的次序依次標上小寫希臘字母，再在字母後面加上該星座名稱的三個縮寫字母作為該星的名稱，如大熊座內最亮的恆星「α UMa（大熊座 α 星）」。中國古人對星的命名與此類似，在星宮的名稱後加上數字，如「上台一、上台二」。

星座裏的 α 星是最亮的嗎？

通常 α 星是星座內的第一亮星，這樣的星座有 58 個。但天龍座、人馬座、大熊座等 26 個星座內的 α 星並不是最亮的星，在船帆座、船尾座、小獅座和矩尺座等 4 個星座內甚至沒有 α 星。

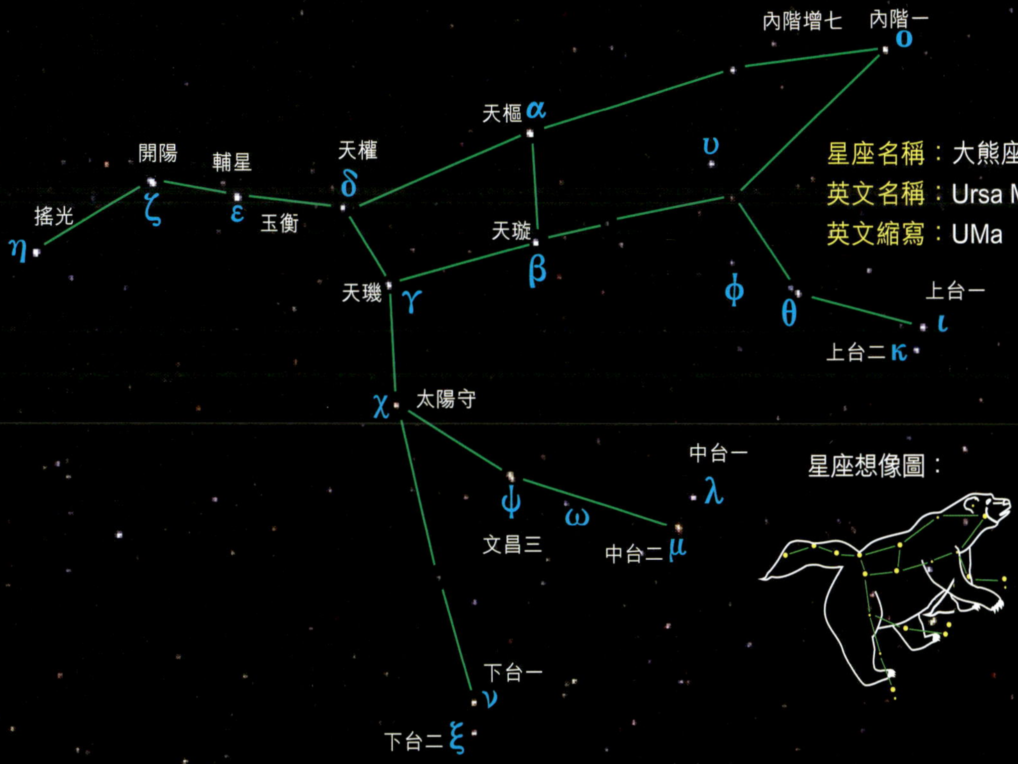

內階增七 內階一 o

天樞 α

υ

開陽 輔星 天權 δ

搖光 η ζ ε 玉衡

天璇 β

天璣 γ

ϕ θ 上台一 ι

上台二 κ

χ 太陽守

中台一 λ

ψ ω 文昌三 中台二 μ

下台一 ν

下台二 ξ

星座名稱：大熊座

英文名稱：Ursa Major

英文縮寫：UMa

星座想像圖：

北極星的位置

夜空中有一把由七顆亮星組成的「勺子」，俗稱北斗七星。北斗七星位於北方，但不是正北方。位於正北方夜空的是北極星，即地球自轉軸北向所指的那顆星。通過北斗七星勺子頭兩顆星連線的五倍延長線，可以找到北極星。

在周日視運動中，所有天體都圍着這顆北極星逆時針旋轉。

北極星與星座

由於地軸指向北極星附近，地球自西向東自轉，因而在周日視運動中，所有天體都圍繞北極星逆時針旋轉。北極星是小熊座的熊尾巴尖兒，小熊圍着自己的尾巴尖兒轉；大熊圍着小熊轉，北斗七星是大熊座的尾巴。

甚麼是拱極星？

拱極星是圍繞天極周圍旋轉，永不落下的恒星。拱極星的界線就是恒顯圈，是以北極星為中心、以北極星到地平線的距離為半徑畫出的赤緯圈，圈內的天體永遠處在地平線之上。

北斗七星季曆

所有星辰都繞着北極星每23小時56分旋轉一周。因此，中國古人很早便根據北斗七星斗柄所指的方向，總結出判斷四季更替的規律：每天在20時（戌時）左右觀察北斗七星斗柄的指向，便可判斷出當時所處的季節。（地圖和星圖的方向：南北相同，東西相反；後同）

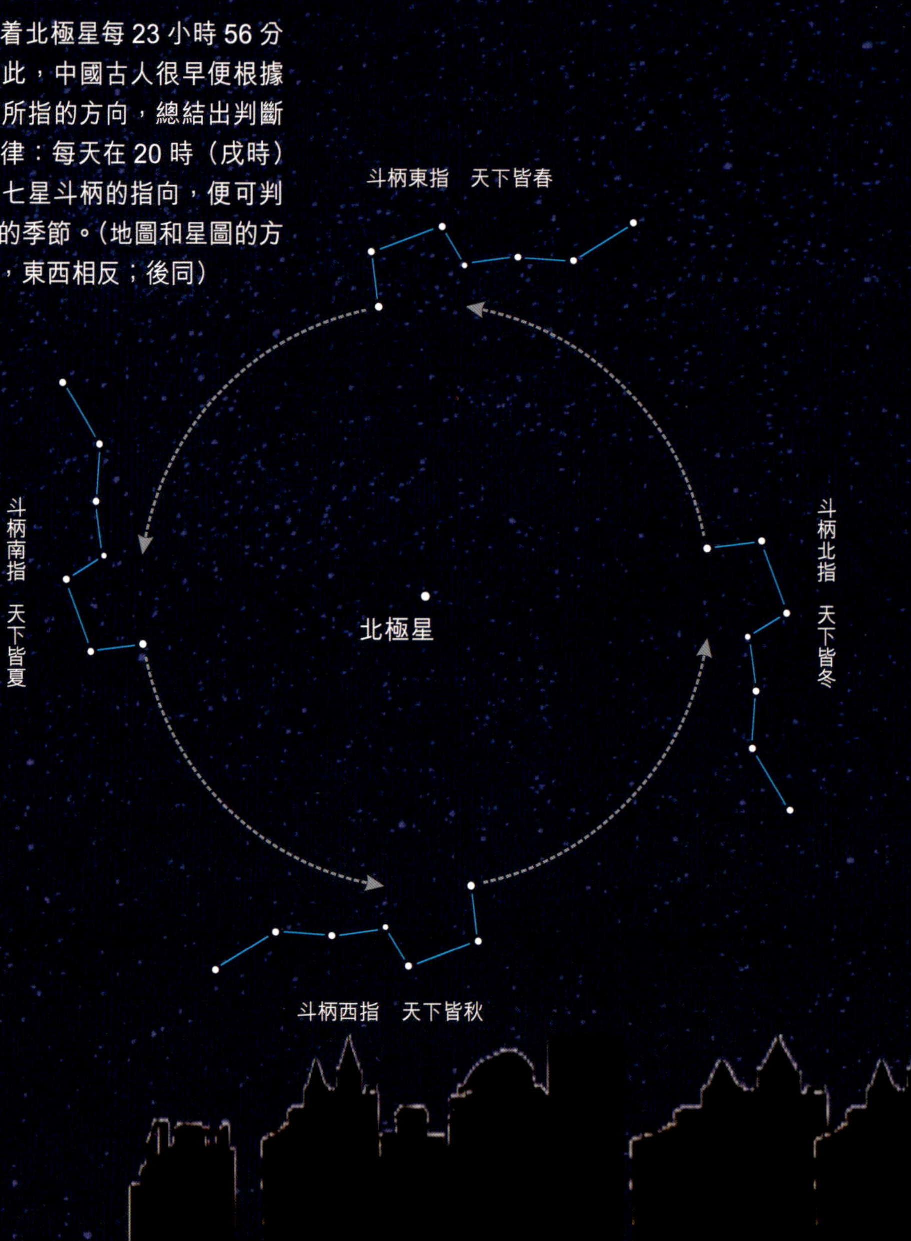

北斗七星月曆

觀測北斗七星的位置，可得知當前的月份。地球自轉一圈時，北斗七星也繞北極星視運動一周；但返回相同位置的時間，每天提早了 4 分鐘，一個月提早了 2 小時。因此，每天在 20 時左右觀測北斗七星斗柄的指向，便可推斷出當時所處的月份。

秋冬肉眼可觀測星象

秋季四邊形：又稱「飛馬－仙女大方框」，由飛馬座的 α、β、γ 星和仙女座 α 星等 4 顆星組成。

冬季大橢圓：由五車二、北河二、南河三、天狼、參宿七、畢宿五等 6 顆星連線構成。

冬季大弧線：由五車二、五諸侯三、南河三和天狼等 4 顆星連線構成。

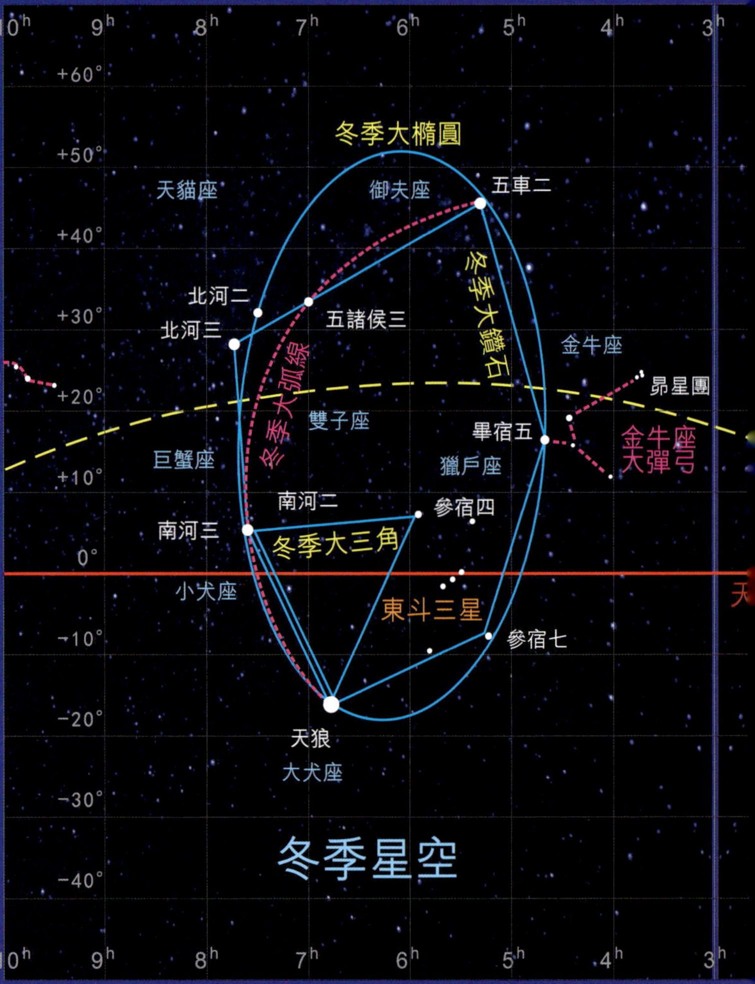

南天大三角（秋季）：由鯨魚座的土司空、南魚座的北落師門及鳳凰座的火鳥六 3 顆星組成。

冬季大三角：由大犬座的天狼、小犬座的南河三及獵戶座的參宿四所形成。此外，還有金牛座大彈弓和雙魚座小環等亮星連線。

冬季大鑽石：由五車二、北河三、南河三、天狼、參宿七、畢宿五等 6 顆星組成，又稱「冬季大六邊形」。

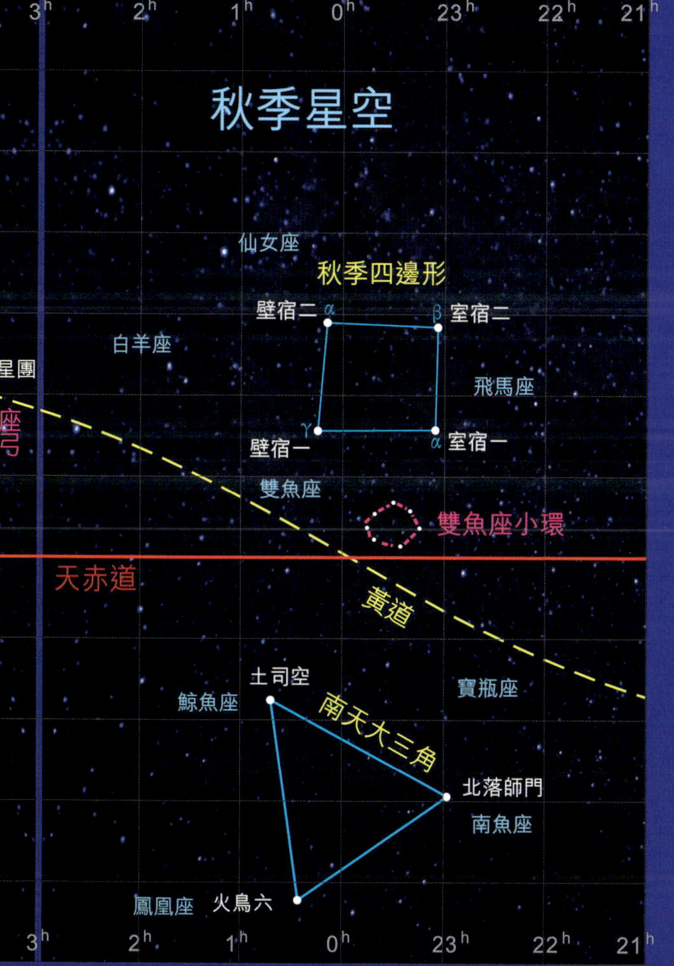

春夏肉眼可觀測星象

春季大三角：由獅子座 β、室女座 α 和牧夫座 α 組成。

春季大弧線：由大熊座的開陽、牧夫座的大角、室女座的角宿一和烏鴉座的軫宿四等亮星構成。

春季大鑽石：又稱「室女的鑽石」，由獵犬座 α、獅子座 β、室女座 α、牧夫座 α 等4顆星組成。

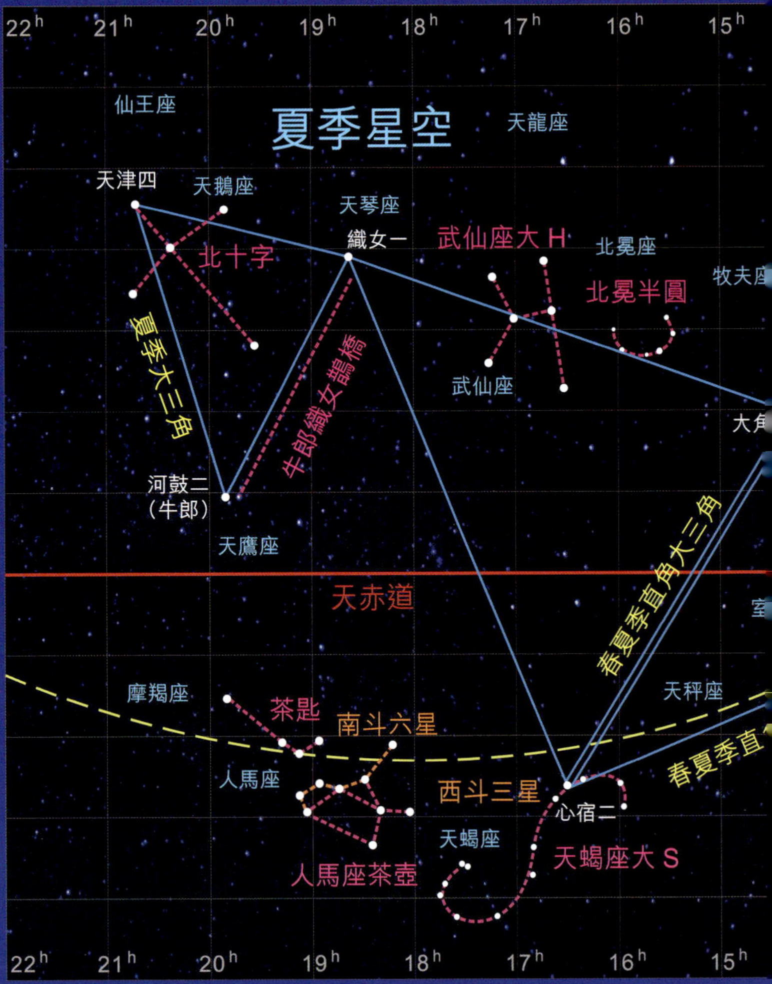

夏季大三角：由天琴座的織女一、天鵝座的天津四及天鷹座的河鼓二組成。

春夏季直角大三角：一是由織女一、大角和心宿二組成的；二是由大角、角宿一和心宿二組成的；三是由大角、角宿一和軒轅十四組成的。

牛郎織女鵲橋：天鷹座的牛郎星與天琴座的織女星遠隔天河相望。

此外，還有北十字、天蠍座大 S、武仙座大 H、北冕半圓、獅子座大鐮刀、人馬座茶壺和茶匙等亮星連線形成的星象。

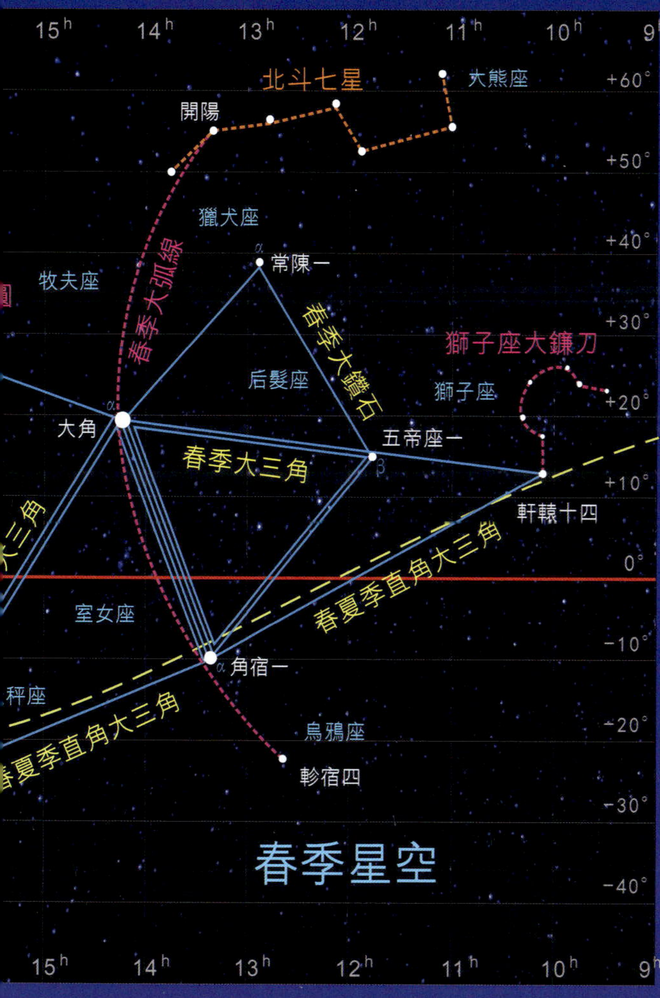

恆星也會運動嗎？

古人認為恆星是固定不動的星體，因此稱其「恆」星。由於恆星距離地球十分遙遠，在短時間內或沒有借助特殊工具很難發現它們在天上的位置變化，事實上恆星是在不停運動的。

恆星在垂直於人們視線的方向上運動的速度，稱為切向速度；在沿着人們視線的方向上運動的速度，稱為視向速度。

甚麼是恆星的本動？

恆星的空間運動由三部分組成。一是恆星繞銀河系中心的圓周運動，這是銀河系自轉的反映；二是太陽參與銀河系自轉運動的反映；在扣除這兩種運動的反映之後，才是恆星本身真正的運動，稱為恆星的本動。

恆星的本動造成了星座亮星位置的變化，因此數萬年後人們原本熟知的星座亮星位置會變得不再熟悉了。

北斗七星 10 萬年前後的斗形變化

數萬年後恆星的位置變化

最大的恒星

肉眼可見最亮的恒星是大犬座 α 星，在中國稱為天狼星，它的星等是 -1.46；
肉眼可見最遠的恒星是仙后座 V762，距離地球 1.6 萬光年；
肉眼可見最大的恒星是盾牌座 UY，它的體積是太陽的 50 億倍；
宇宙中最大的恒星是人馬座 V1943，它的體積是太陽的 131 億倍。

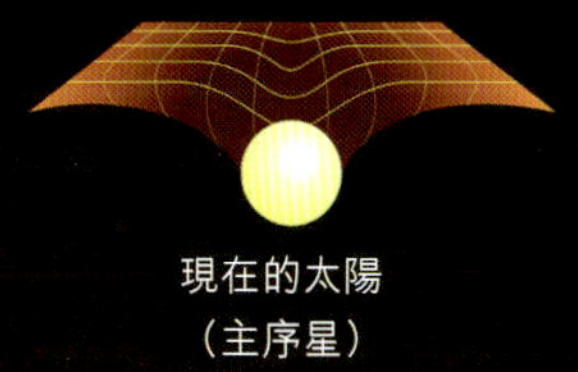
現在的太陽
（主序星）

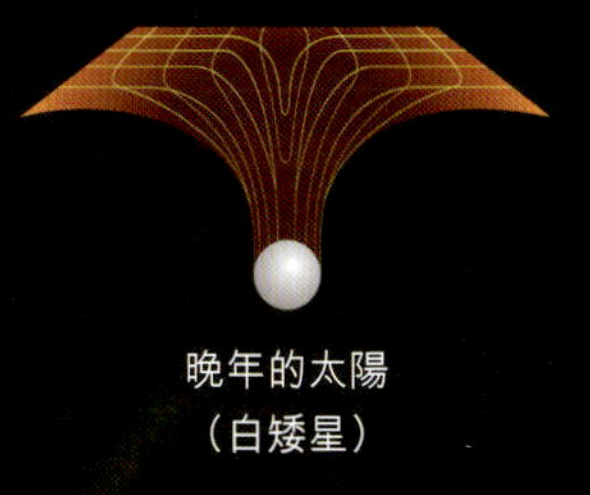
晚年的太陽
（白矮星）

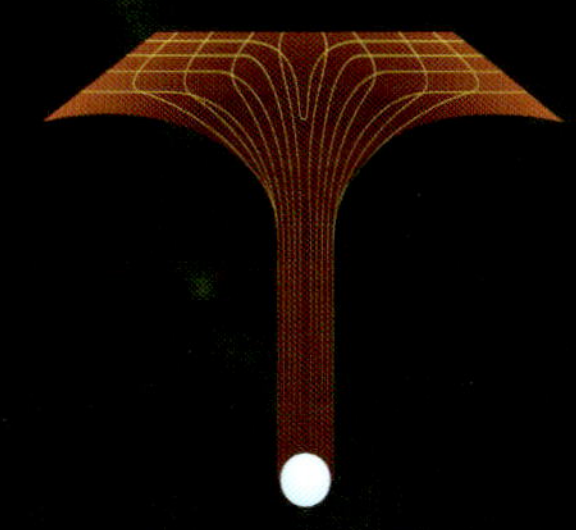
大質量恒星的末日
（中子星或黑洞）

大質量恒星的晚年

當大質量恒星核心的氫燃燒完，將會接着啟動氦燃燒反應，把氦變成碳，而氦核心外的氫殼層仍在發生氫燃燒反應。當核心的氦也燃燒完後，碳燃燒會接着啟動並生成氖，而核心外會被氦燃燒殼包裹着，氦殼層又會被氫燃燒殼層包裹着。類似的過程不斷重複，輕的元素聚變成重的元素，直到核心變成鐵。而鐵的聚變反應所需要的能量大於其所釋放的能量，於是恒星核心的核反應便不再進行了，恒星內部會變成被燃燒層層包裹起來的「洋蔥」結構。

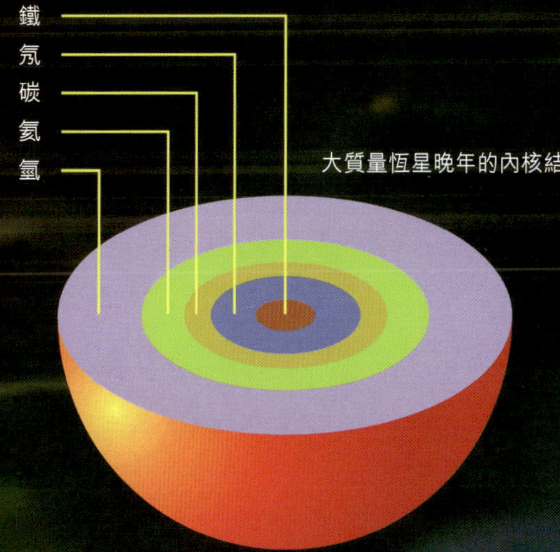

大質量恒星晚年的內核結構

恆星會死亡嗎？

恆星的壽命取決於恆星的質量，質量愈大則壽命愈短。太陽的質量與所有恆星質量的平均值相近，大約可以穩定地燃燒發光 100 億年，晚年的變化不會太激烈。而質量在太陽 10 倍以上的恆星，只能發光數百萬年到數千萬年，最終會發生超新星爆發，並會留下一顆中子星或一個黑洞。

黑矮星

超新星殘骸

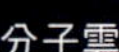

分子雲

不同質量恆星的演化

行星狀星雲
白矮星
紅巨星
中子星
紅超巨星
超新星爆發
黑洞
藍巨星
主序星
再循環
質量是太陽 10 倍以上的恆星
棕矮星
質量和太陽差不多的恆星
原恆星
質量小於太陽的恆星

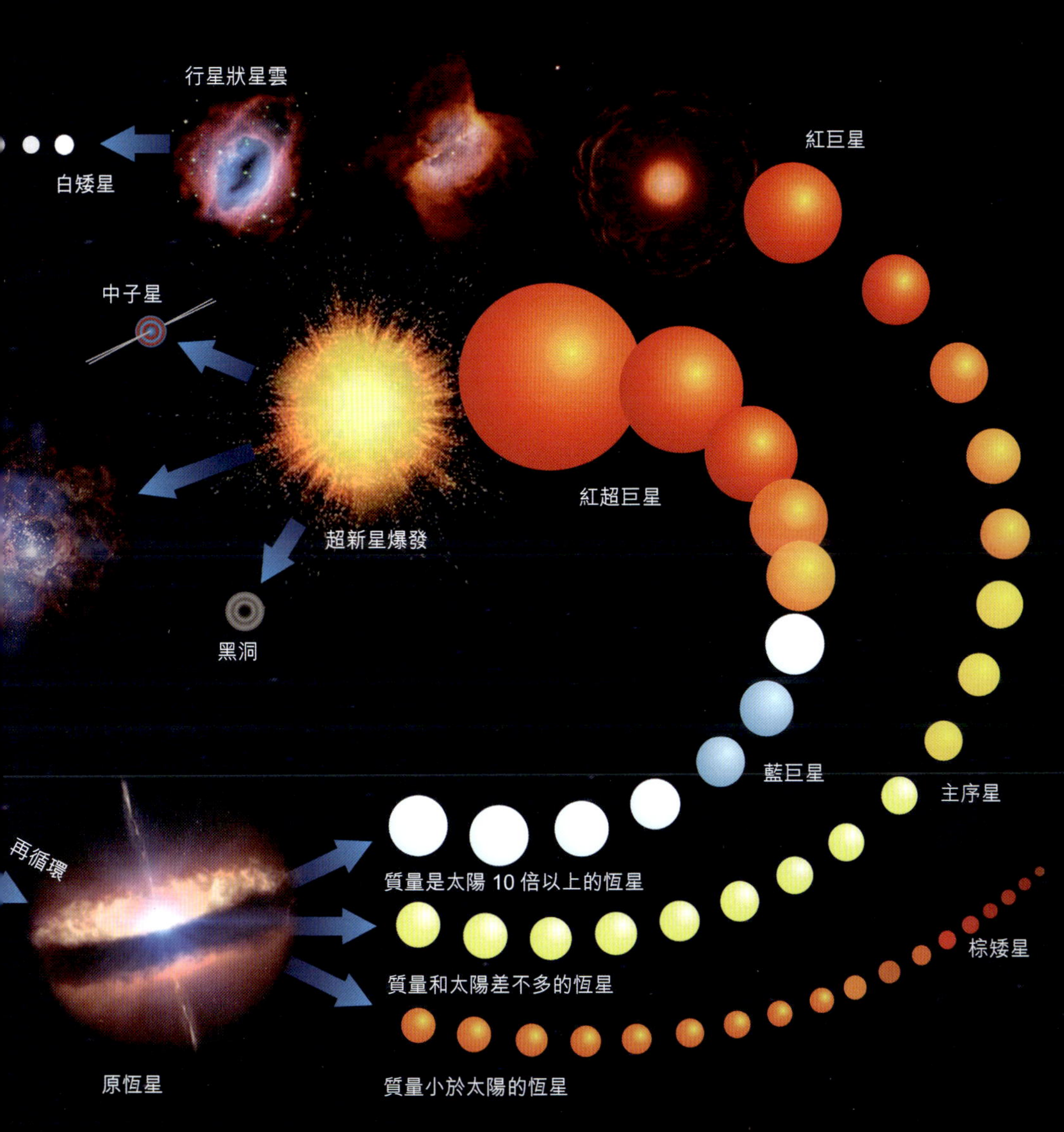

恆星的顏色

恆星的表面顏色取決於它的表面溫度，表面溫度愈低，顏色愈偏紅；表面溫度愈高，顏色愈偏藍。恆星的表面顏色主要有四種，分別是紅、黃、白和藍。太陽的表面顏色是黃色，屬溫度中等偏低的恆星。不同光譜型對應着不同的顏色、色指數和表面溫度。絕對星等與光度類型的關係可用赫羅圖來表示。

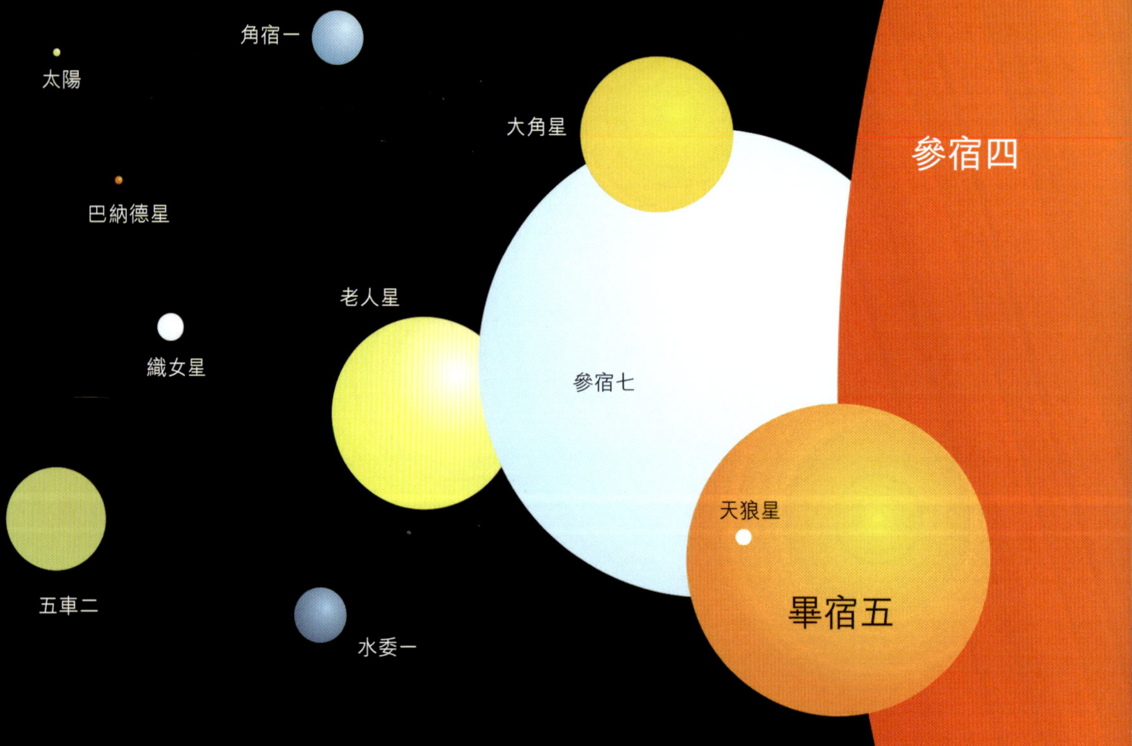

恆星的大小

恆星誕生之時質量便有大有小，體積也有大有小，而且同一顆恆星在不同的發展階段體積也不相同，甚至會發生極大的變化，發展到紅超巨星時體積最大。

甚麼是巨星？

巨星是指光度比一般恆星（主序星）大但比超巨星小的恆星。恆星演化離開主序帶後，體積膨脹變大，密度變小，表面溫度降低，變得非常明亮，光度是太陽的十倍到數千倍。在赫羅圖上，巨星位於主星序的上方，亮巨星和超巨星分支的下方。紅色或橙色巨星被稱為紅巨星。

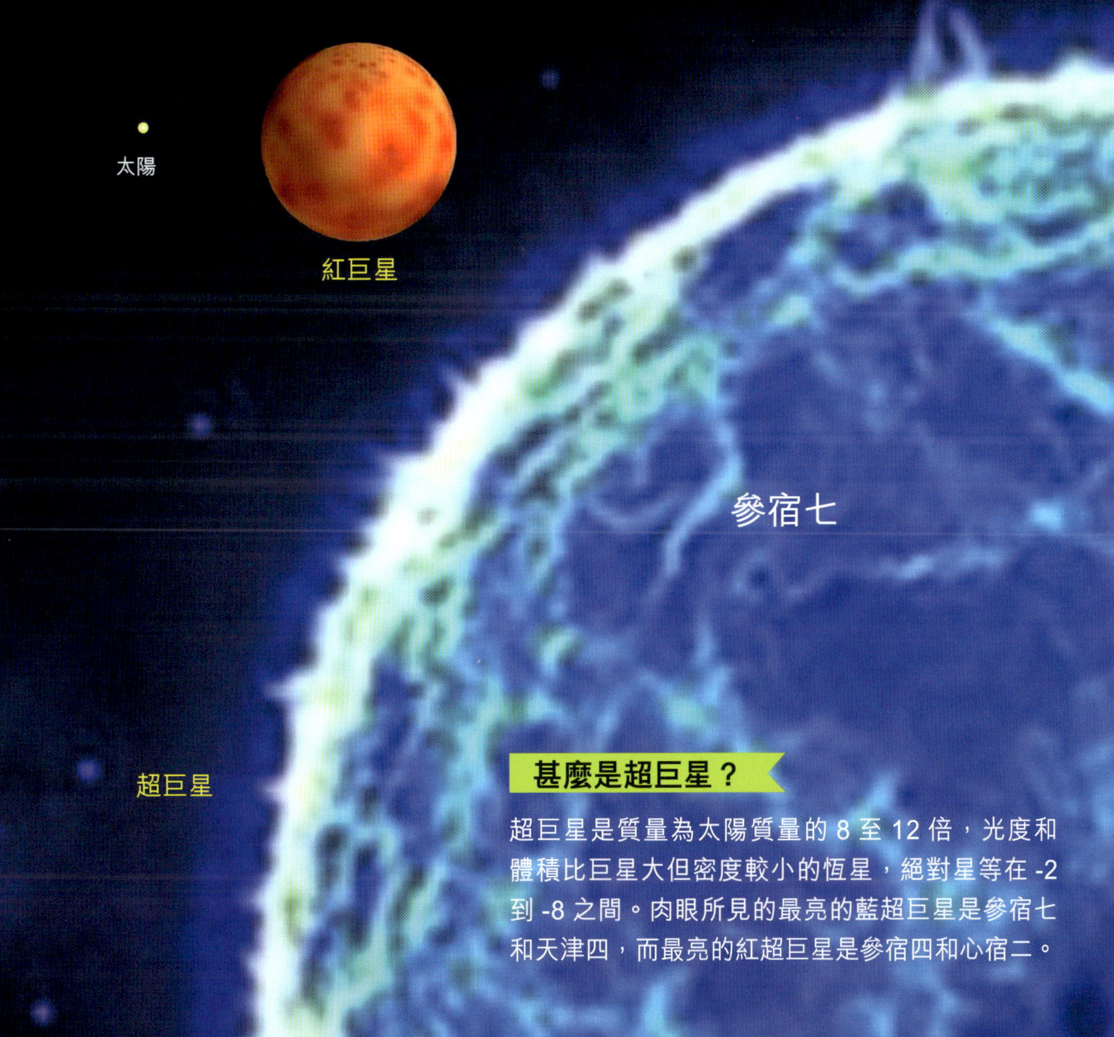

甚麼是超巨星？

超巨星是質量為太陽質量的 8 至 12 倍，光度和體積比巨星大但密度較小的恆星，絕對星等在 -2 到 -8 之間。肉眼所見的最亮的藍超巨星是參宿七和天津四，而最亮的紅超巨星是參宿四和心宿二。

甚麼是矮星？

矮星專指恒星光譜分類中光度級為 V 的星，即等同於主序星，處於一生中的氫燃燒階段，當氫燃燒完後就會開始氦燃燒。光譜型為 O、B 和 A 的矮星稱為藍矮星，光譜型為 F 和 G 的矮星稱為黃矮星（如太陽），光譜型為 K 及恒星處於生命周期後期的矮星稱為紅矮星。

矮星是主序星階段的恒星，屬壯年恒星，其內部產生的能量與向外輻射的能量相當，星體非常穩定，我們所處的銀河系中 90% 以上的恒星處在此階段。但白矮星、亞矮星和黑矮星則另有所指，它們是「簡併矮星」，不屬矮星之列。

藍矮星

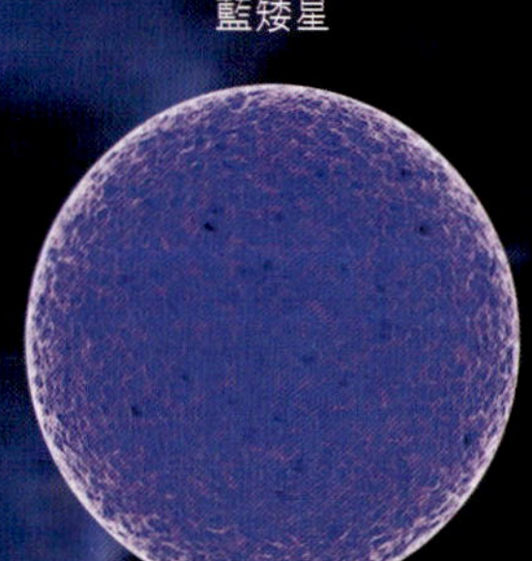

黃矮星（太陽）

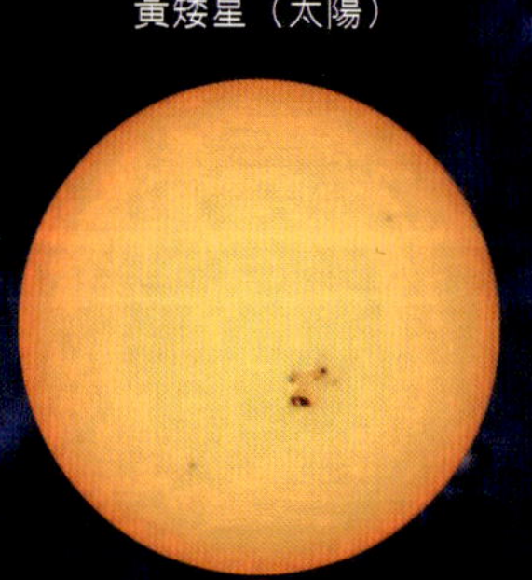

紅矮星

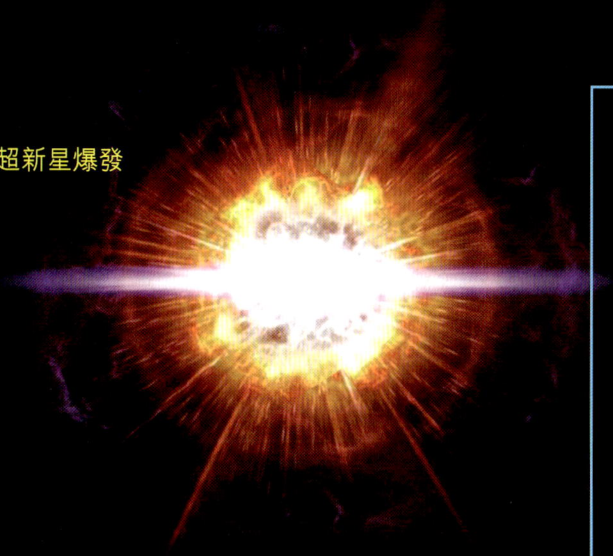

超新星爆發

超新星遺跡

甚麼是新星？

新星是爆發變星的一種，由於其突然出現而被當時的發現者認為是剛剛誕生的新恆星，所以被稱為「新星」。新星突然發光的原因是恆星步入老年（白矮星）時，其中心會向內收縮，而外殼卻朝外膨脹，會拋掉外殼而釋放大量的能量，使自身的光度突然增加到原來的幾萬倍到幾百萬倍。

甚麼是超新星？

大質量恆星在接近生命末期時會經歷的一種劇烈爆炸階段，此時即稱為超新星。爆發時其光度突增到原來的一千萬倍以上，產生的電磁輻射能照亮其所在的整個星系，並且持續幾週至幾個月，之後才會逐漸衰減變為不可見。

甚麼是超新星遺跡？

恆星通過爆炸將其大部分甚至幾乎所有物質以約為 1/10 光速的速度向外拋撒，並向周圍的星際物質輻射激波，形成一個由氣體和塵埃構成的膨脹殼狀結構，該結構被稱為超新星遺跡。

甚麼是中子星？

中子星是主要由簡併中子組成的恒星，極大質量和極小質量分別為太陽的 2 至 3 倍和太陽的 1/20，半徑為 10 至 20 千米，是已知密度最大的固態天體。

中子星是大質量恒星末期發生超新星爆發時，沒有達到形成黑洞的條件，而演化成一種介乎於白矮星和黑洞之間的天體，它的核心質量在太陽質量的 1.4 倍至 2.3 倍之間。

中子星

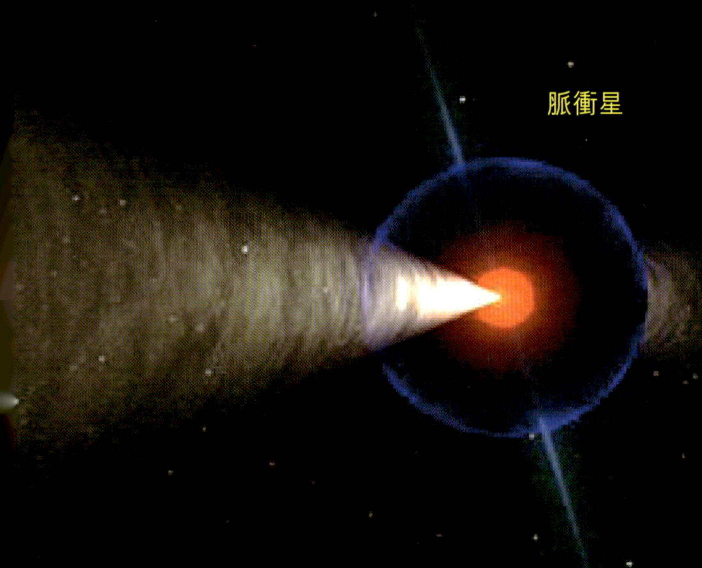

脈衝星

甚麼是脈衝星？

脈衝星是中子星或白矮星的一種。它是一種周期性發射脈衝信號的星體，直徑大多為 20 千米左右，自轉極快。

脈衝星是中子星，但中子星不一定是脈衝星，能通過觀測接收到脈衝信號的才能稱為脈衝星。

甚麼是黑洞？

黑洞是科學家預言的天體，是恆星演化到末期時變成的一種天體。黑洞無法直接觀測，但可以通過間接方式得知它的存在和影響。黑洞的引力會使它周圍的時空產生嚴重扭曲，任何物質接近時都會被吸入黑洞，即使是光也逃不出。科學家猜測，物質穿過黑洞可能會到達另一個空間，甚至是時空。

甚麼是白洞？

白洞是科學家預言的天體，由黑洞演化而成。與黑洞相反，白洞不吞噬接近它的物質，而是向外噴射物質，把黑洞吸入的物質噴射出來。目前還沒有發現白洞存在的證據。

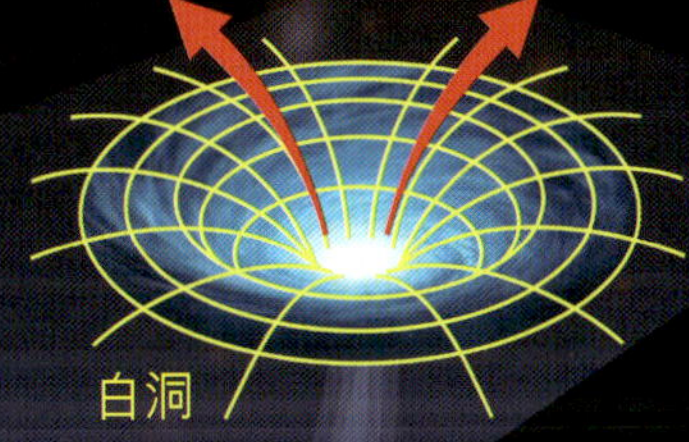

甚麼是蟲洞？

蟲洞，即時空隧道，也叫灰道，是連接黑洞和白洞的時空隧道或細管。

二、行星觀測

行星

行星是指圍繞恒星運轉的不發光天體。大行星是指自身不發光、質量足夠大到能克服固體引力以達到流體靜力平衡、近球體形狀，在橢圓形軌道上圍繞恒星運轉的天體，而且在同一公轉軌道上不會有其他比它大的天體。太陽系的八大行星與其他太陽系天體共同圍繞着太陽運轉，構成太陽系大家庭。

行星觀測

行星的觀測內容非常豐富，我們用肉眼能夠觀測到太陽系的五顆大行星及其運行、逆行、連珠、凌日、合月等天象。利用望遠鏡，我們可以觀測到行星的視面、行星的衛星、行星環、行星的顏色等，以及肉眼看不到的天王星和海王星。此外，還可以觀測到矮行星，甚至小行星。

太陽系

太陽系是以太陽為中心，以及所有受太陽引力約束的天體所構成的體系及其所佔有的空間區域。太陽系包括八顆大行星，大量的衞星、小行星、矮行星、彗星，以及數以億兆的各類小天體、其他星際物質和塵埃。

太陽系在哪裏？

太陽系是銀河系的成員之一，離銀河系中心 2.5 萬至 2.8 萬光年。太陽是銀河系大約 4,000 億顆恒星中的一員，太陽系是較典型的行星系統之一。

太陽系有多大？

太陽系非常龐大，太陽距離其最遠的大行星——海王星約 30 天文單位，外圍的奧爾特雲距離太陽大約 100,000 天文單位，估計太陽的引力控制半徑可達 2 光年之遙（125,000 天文單位）。

如果太陽像籃球這麼大，則太陽系行星範圍像天安門廣場那麼大，而太陽系的引力範圍比整個中國還大。

行星的分佈

太陽系行星的分佈，從內到外依次是水星、金星、地球、火星、小行星帶、木星、土星、天王星、海王星、柯伊伯帶和奧爾特雲。矮行星分佈在小行星帶、柯伊伯帶和奧爾特雲內。

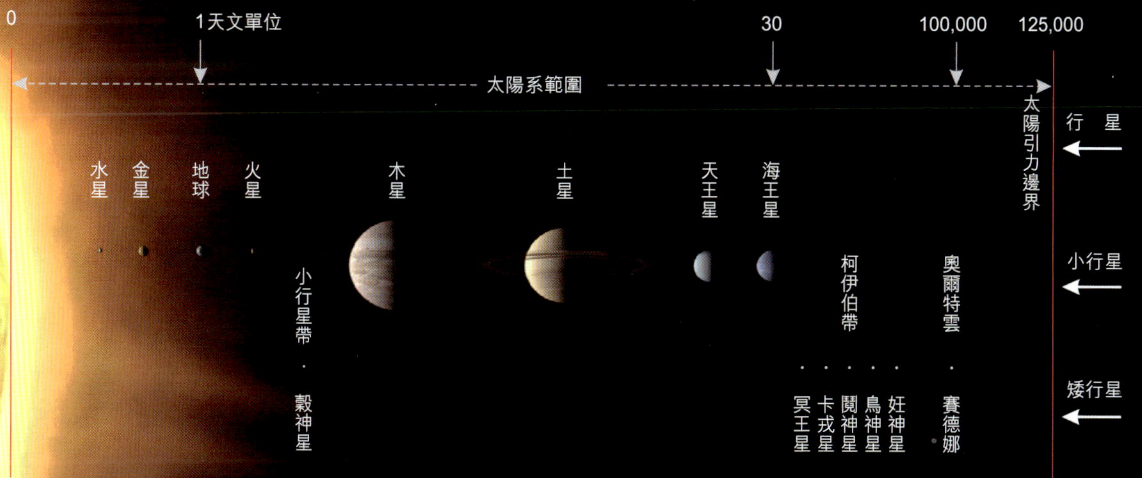

大行星的發現史

1609 年，伽利略將望遠鏡指向天空，開啟了現代天文學的時代。到底是甚麼人發現了金星、木星、水星、火星和土星這五顆行星，已無從考證。

中國古人把日、月、金、木、水、火、土七星稱為七政或七曜，其中的金、木、水、火、土五星又被合稱為五緯，它們的別稱分別如下：

金星稱明星或太白，晨時稱啟明，昏時稱長庚；

木星稱歲星或歲；

水星稱辰星或昏星；

火星稱熒惑；

土星稱鎮星或填星。

水星

金星

地球

火星

木星

土星

天王星

海王星

冥王星

天王星的發現

1781 年，英國天文學家赫歇爾（Frederick William Herschel, 1738-1822）發現了一顆行星，將它稱為天王星。此前的天文學家曾經看到並記錄了它，但沒有意識到這顆位置變化不明顯且暗淡的星是一顆行星。

海王星的發現

海王星是唯一一顆利用數學方法「計算」出來的行星。科學家發現天王星的軌道存在差異，判斷其中可能還存在一顆未知的行星。1846 年德國天文學家伽勒（Johann Gottfried Galle, 1812-1910）在預測的位置上「找到」了一顆顏色蔚藍的新行星，並將其命名為海王星。

冥王星之爭

從 19 世紀末開始，天文學家推測除海王星外還存在着一顆未知的行星。1930 年美國天文學家湯博（Clyde William Tombaugh, 1906-1997）終於發現了一顆行星，並將其命名為冥王星，從此太陽系九大行星的格局持續了 70 多年。然而，最新研究認為冥王星不符合新版行星的定義，它在 2006 年被劃為矮行星，從大行星中除名。

然而，天文學家對太陽系第九大行星的探尋並沒有結束。

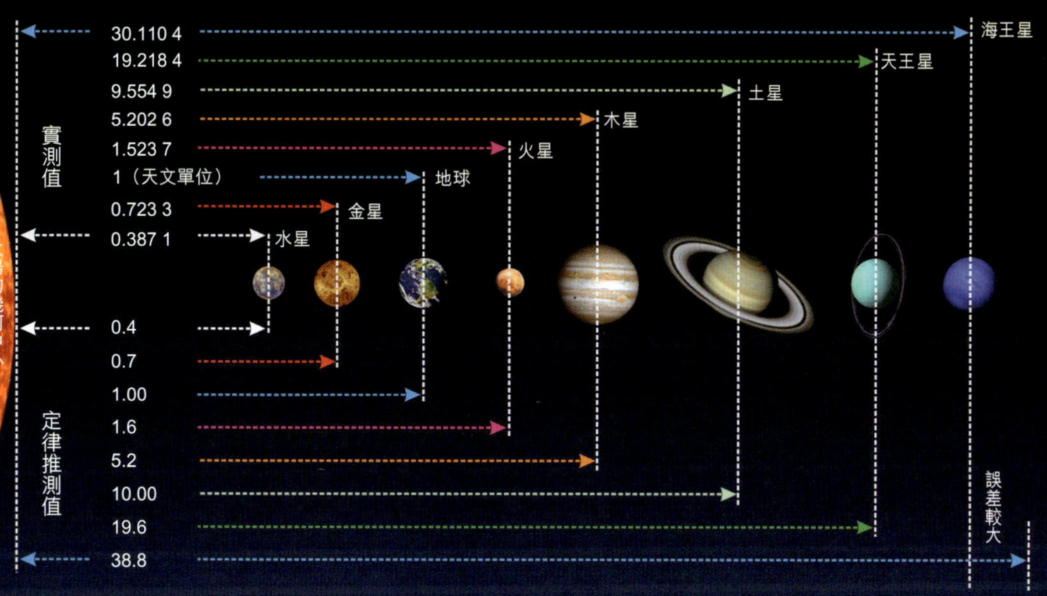

大行星與太陽的距離

大行星的軌道半徑即是大行星與太陽之間的距離，大行星圍繞太陽公轉的軌道均呈橢圓形，但它們的軌道離心率都很小，均接近圓形。若把地球的軌道半徑設為 1 天文單位，則其他行星軌道半徑的天文單位分別是：水星 0.387 1，金星 0.723 3，火星 1.523 7，木星 5.202 6，土星 9.554 9，天王星 19.218 4，海王星 30.110 4。

甚麼是提丟斯－波德定律？

18 世紀，提丟斯（Johann Daniel Titius, 1729-1796）和波德（Johann Elert Bode, 1747-1826）發現太陽系中大行星的軌道半徑大致符合一個簡單的數學規律，即提丟斯 - 波德定律（Titius-Bode law）。根據這個定律，人們推測並發現了新的行星。然而，該定律不適用於水星，使用該測定對海王星軌道半徑進行推測，其推測值與實測值之間的誤差也較大。

行星的分類

行星分為大行星、矮行星和小行星三種，我們平常所說的行星多指大行星。太陽系目前有八顆大行星，地球是太陽系的八大行星之一，此外還有水星、金星、火星、木星、土星、天王星和海王星。

大行星的分類

八大行星圍繞着太陽運轉，根據位置、大小、形態、性質等不同標準，可以將它們分成不同的類別。

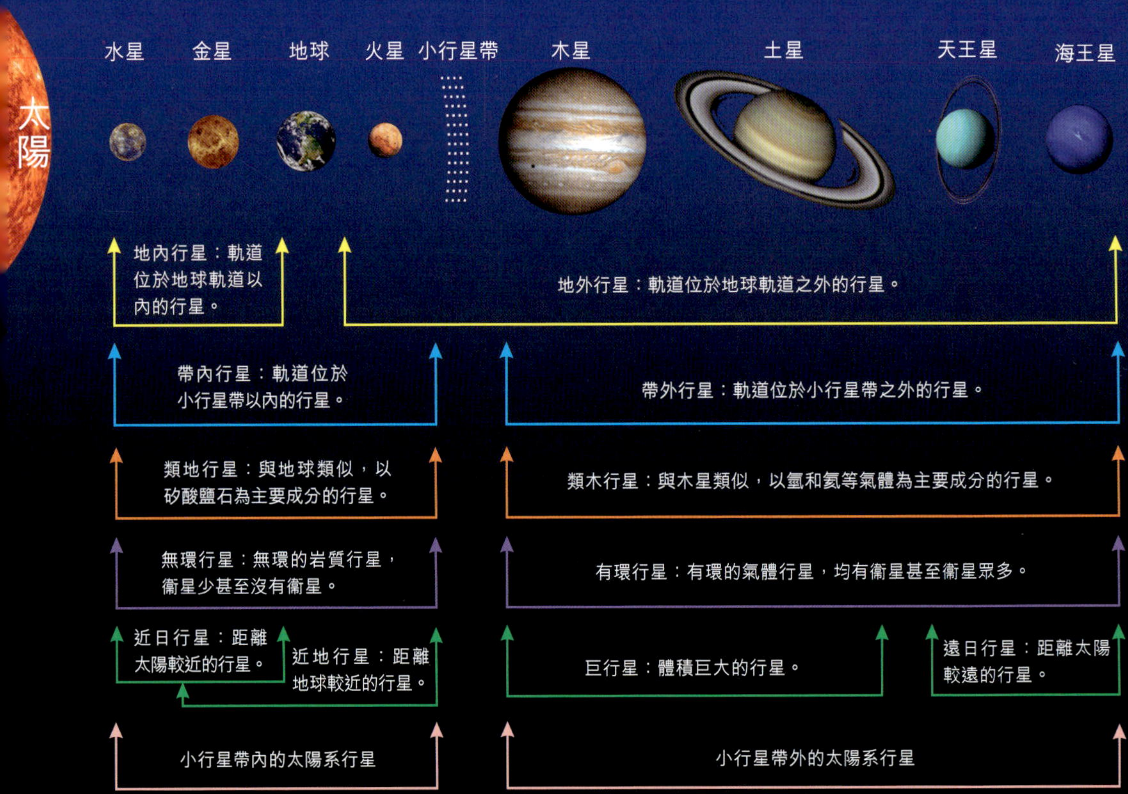

太陽

水星 金星 地球 火星 小行星帶 木星 土星 天王星 海王星

地內行星：軌道位於地球軌道以內的行星。

地外行星：軌道位於地球軌道之外的行星。

帶內行星：軌道位於小行星帶以內的行星。

帶外行星：軌道位於小行星帶之外的行星。

類地行星：與地球類似，以矽酸鹽石為主要成分的行星。

類木行星：與木星類似，以氫和氦等氣體為主要成分的行星。

無環行星：無環的岩質行星，衛星少甚至沒有衛星。

有環行星：有環的氣體行星，均有衛星甚至衛星眾多。

近日行星：距離太陽較近的行星。

近地行星：距離地球較近的行星。

巨行星：體積巨大的行星。

遠日行星：距離太陽較遠的行星。

小行星帶內的太陽系行星

小行星帶外的太陽系行星

行星的自轉

所有行星都繞自己的軸自轉。自轉方向多數和公轉方向一致，只有金星和天王星兩個例外。

行星的自轉軸傾角

行星的自轉軸傾角各不相同，地球自轉軸與軌道面之間的傾角為 23.5°。比較特殊的是金星的自轉軸傾角接近 180°，造成自轉方向與公轉方向相反；天王星自轉軸傾角為 98°，意味着天王星幾乎完全垂直於軌道的方向旋轉。

行星的自轉周期

行星的自轉周期有長有短，自轉周期長的如金星和水星。金星是太陽系自轉速度最慢的行星，大半年才自轉一周，金星上的 2 天比地球上的 1 年還長；水星大約 2 個月自轉一周，是以水星上的 6 天就相當於地球上的 1 年。在地球上若想追上太陽，需要駕駛超音速飛機，而在金星上走路或在水星上騎自行車就能追上太陽。自轉周期短的有木星和土星。木星的自轉速度是太陽系裏最快的，土星的自轉速度也非常快，木星和土星在一個地球日的時間裏至少可以見到兩次日出。

行星	水星	金星	地球	火星	木星	土星	天王星	海王星
傾角	0°	177°	23.5°	25°	3°	27°	98°	28.3°
自轉	59.64 天	243.02 天	24 小時	24 小時 37 分鐘	9 小時 50 分鐘	10 小時 14 分鐘	17 小時 14 分鐘	16 小時 06 分鐘
公轉	88 天	225 天	365 天	687 天	11.86 年	29.46 年	84.01 年	164.82 年

行星的公轉

行星圍繞太陽按逆時針方向公轉，周期有長有短。地球的公轉周期為 1 年，水星的公轉周期只有約 88 個地球日，海王星大約 165 個地球年才公轉一周。在水星上，一個地球年還不夠它的 2 天；在金星上，它的 1 天比一個地球年的時間還長。

大行星的直徑

如將八大行星排成一行，它們的赤道直徑之和約為 40 萬千米，這個距離恰好約等於地球至月球的距離。八大行星中，直徑最長的是木星，直徑最短的是水星。

大行星的扁率

行星的扁率是指行星橢球體的扁平程度。大多數自轉天體的赤道半徑長於極半徑，即赤道部分稍微凸起。太陽系裏最圓的行星是水星和金星，最扁的行星是土星。

	水星	金星	地球	火星	木星	土星	天王星	海王星
直徑（千米）	4,878	12,103	12,756	6,794	142,984	120,536	51,118	49,528
扁率	0.0	0.0	0.003 3	0.005 9	0.064 8	0.097 9	0.022 9	0.017 1

大行星與太陽的體積

假設地球的體積為 1，則太陽的體積為 1,300,000，即太陽能夠裝下 130 萬顆地球。即使是太陽系裏最大的行星——木星，也需要近千個才能填滿太陽。

大行星的體積比較

八大行星中，木星的體積最大，相當於 1,321 顆地球；而水星最小，地球的體積約是水星的 18 倍。

大行星與太陽的質量

假設地球的質量為 1，則太陽的質量達到 333,000，即太陽的質量是地球質量的 33 萬倍。八大行星的質量總和約為 447，只有太陽質量的 1/745。

行星的重力

行星表面的物體因被該行星吸引而降落時所受到的力，稱為重力。八大行星上的重力各不相同，假設人在地球上能夠跳起 1 米高，在金星和火星上則可跳起約 2.6 米高，而在木星上只能跳起約 0.39 米高。

	水星	金星	地球	火星	木星	土星	天王星	海王星
行星重力比值	1.06	0.38	1	0.38	2.53	1.06	0.88	1.14
白天最高溫度（℃）	+430	+500	+58	+27	-140	-125	-216	-190
全天平均溫度（℃）	+179	+480	+15	-55	-140	-140	-220	-214
夜間最低溫度（℃）	-180	+465	-89	-133	-150	-180	-224	-218

行星的表面溫度

行星的表面溫度是指行星赤道附近表面的溫度，一般包括白天的最高溫度、夜間的最低溫度和其全天的平均溫度。八大行星中，金星的白天、夜間和平均溫度最高，天王星的白天、夜間和平均溫度最低；溫差最大的是水星，最小的是天王星。

行星的大氣成分

太陽系中有 4 顆近日岩質行星和 4 顆遠日氣體行星。近日岩質行星的大氣主要是二氧化碳、氮氣和氧氣；而遠日氣體行星的大氣主要是氫氣和氦氣。八大行星中，水星和金星的大氣十分稀薄。

甚麼是矮行星？

矮行星是指體積介於行星和小行星之間，圍繞太陽運轉，質量足以克服固體引力以達到流體靜力平衡的近圓球形狀小天體。其所在軌道上的其他天體沒有被清空，它不是一顆衛星，也不是行星的衛星。已發現的矮行星有小行星帶的穀神星，柯伊伯帶的冥王星、卡戎星、鬩神星、鳥神星、妊神星及奧爾特雲的賽德娜。

穀神星

小行星帶內的矮行星

小行星帶位於火星和木星之間，帶內聚集了大量的矮行星，其中最知名的是穀神星，此外還有智神星、灶神星、健神星、婚神星等。

鬩神星

冥王星

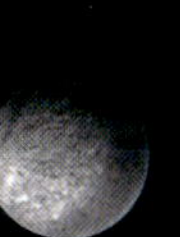
卡戎星

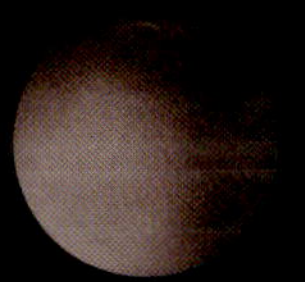
鳥神星

妊神星

亡神星

柯伊伯帶內的矮行星

柯伊伯帶位於海王星軌道外圍，帶內發現有大量的矮行星。比較典型的有冥王星、鬩神星、鳥神星、妊神星、亡神星等，其中的冥王星曾被認為是第九大行星。

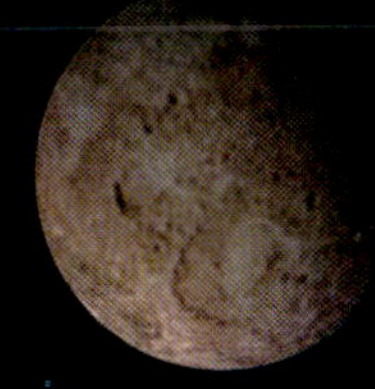
賽德娜

奧爾特雲內的矮行星

奧爾特雲被認為是太陽系的最外層。奧爾特雲內也發現了矮行星，典型的有賽德娜。

甚麼是小行星？

小行星是指除行星、矮行星、彗星和衞星以外，環繞太陽運動至直徑大於 1 米的天體。小行星無法通過自身的引力凝聚形成行星。1 米以下至 10 微米以上的物質是流星體，10 微米以下的物質稱星際塵埃。小行星主要集中在小行星帶、柯伊伯帶和奧爾特雲。

小行星帶

小行星帶是指太陽系內介於火星和木星軌道之間的小行星密集區域。小行星帶內有 50 萬顆以上大小不一的小行星。

小行星的命名

小行星是各類天體中唯一可以根據發現者意願進行命名，經國際組織審核批准後可獲國際公認的天體。小行星命名已成為一項國際性和永久性的榮譽，永載人類史冊。目前，獲得臨時編號的小行星有近 70 萬顆，獲得永久編號的小行星有約 40 萬顆，獲得正式命名的有約 2 萬顆。其中，有 120 多顆是以中國傑出人物、中國地名或中國單位等命名的。

隨着觀測方法的提升，被發現的小行星也越來越多，每天以 7 至 8 顆的數量增加。中國有許多天文愛好者陸續發現了小行星，小行星的命名也不再顯得那麼神聖了。

柯伊伯帶

柯伊伯帶是指從海王星軌道向外延伸至約 55 天文單位處，一片天體密集的扁圓環狀區域。那裏有 7 萬顆直徑超過 100 千米的冰態小行星和幾千億顆彗星，總質量是小行星帶的 20 至 200 倍。它們是來自環繞着太陽的較遠的原行星的殘餘物質，由於較少受大行星的影響而未能凝聚成行星，一直穩定在接近黃道面的盤狀區域中而形成了小天體群。

柯伊伯帶中最大的天體的直徑也不超過 3,000 千米，被降級的冥王星就處在這個帶內。柯伊伯帶不是太陽系的邊界，向外延伸幾千天文單位的距離處還有奧爾特雲。

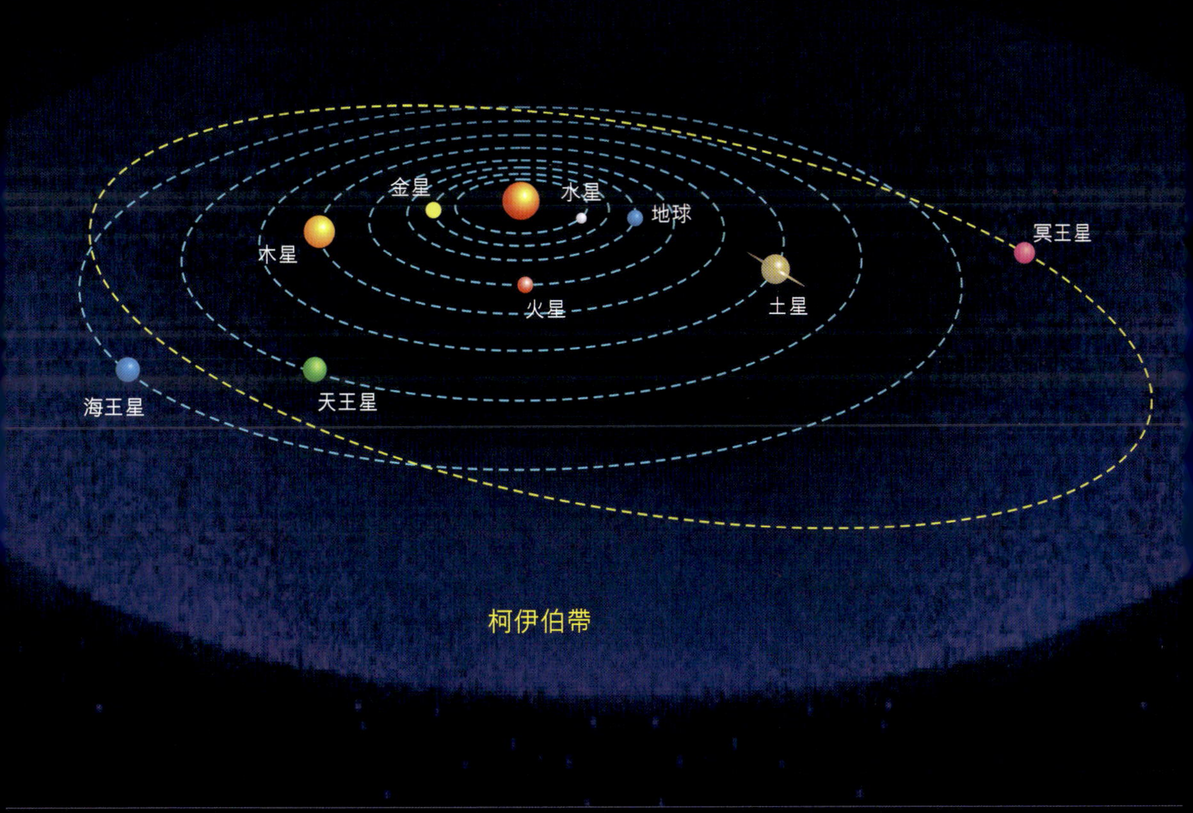

奧爾特雲

科學家推測在內緣距離太陽 2 千至 20 萬天文單位處，有一佈滿冰質星子的球層，稱為奧爾特雲。其中，2 千至 2 萬天文單位處的環形內層為內奧爾特雲；2 萬至 20 萬天文單位處包裹太陽系的球狀雲層為外奧爾特雲，外奧爾特雲的總質量約為地球的 5 倍。奧爾特雲因幽暗而不易被觀測，人們推測這裏是長周期彗星的發源地。

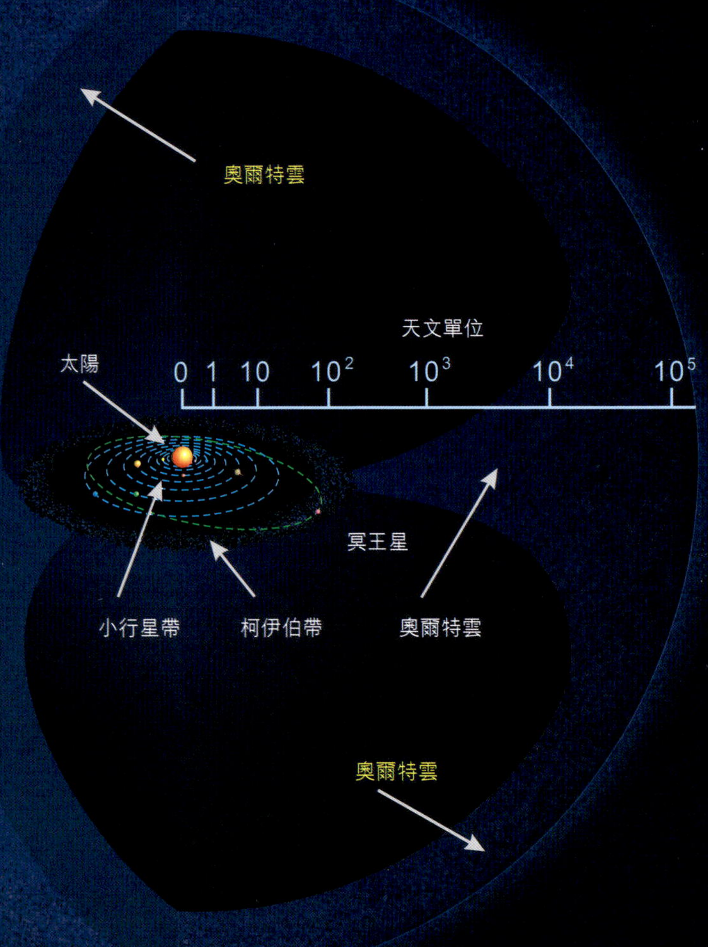

晚霞中的行星

我們看到的晚霞一般都有色彩分層現象，由下向上依次為橙紅、黃綠、淡藍、深藍等。夜幕中仰望星空時，水星、金星、土星、火星和木星這五顆肉眼可見的行星，沿黃道帶排列組成了「五星連珠」天象。

甚麼是行星連珠？

行星連珠是觀測者的視覺現象，即 3 顆或多顆行星運行至太陽一側較小的扇形天區內，看上去幾顆行星比較接近。這是因為各大行星公轉周期不同而導致的天象。

行星的「特殊」運動

在地球上觀測天體時，由於行星的周年視運動，水星、金星、火星、木星和土星這五大行星在天空中的位置變化相對複雜，它們的視運動方向有時向西、有時向東、有時甚至停留，這是因為這些行星與地球一樣圍繞着太陽做周期性運動。它們的公轉周期不同，軌道傾角也不同，但運動軌跡都在黃道帶內。

地內行星的位相

行星位相，也稱為行星星虧。由於太陽、地球、行星三者位置會發生周期性改變，但行星不發光，因而在地球上觀測行星被太陽照亮的半球時，會出現類似月亮圓缺的位相。

行星的位相與月相名稱類似，其中主要的四相與月相的對應關係為：上合對應滿月，下合對應新月，東大距對應上弦月，西大距對應下弦月。

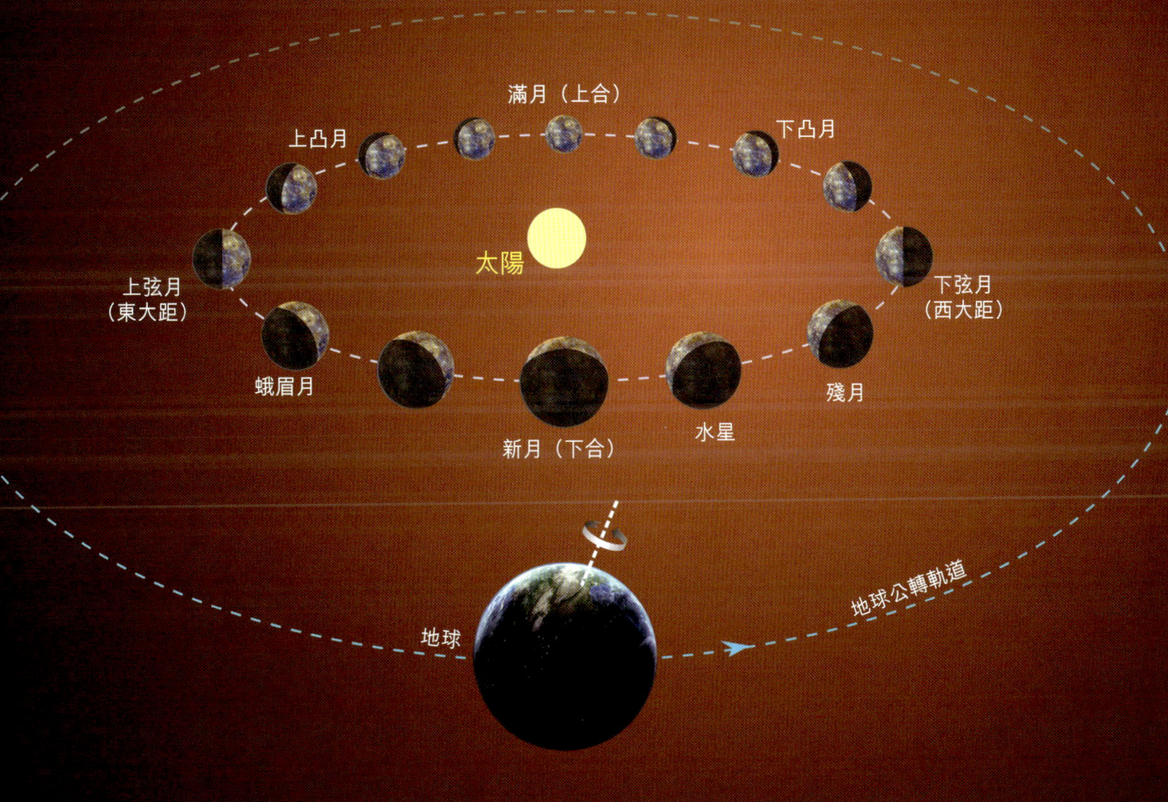

土星環的傾角變化

土星環與土星赤道面平行，由於土星赤道傾角為27°，土星繞太陽公轉的周期為 29.46 年，因此土星環相對地球上的觀測者來説，其在 29.46 年的變化周期裏，傾角在上 27°和下 27°之間變化，因此每年觀測的傾角都不同。當傾角為 0°時，因光環厚度只有 20 米，故在地球上是觀測不到光環的。

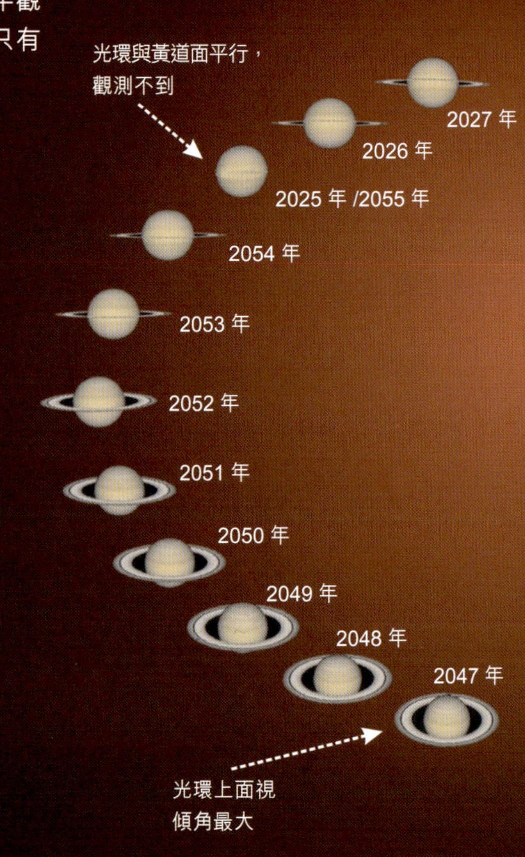

2025 年，土星環的光環視傾角為 0°，隨後光環下面（南）的傾角逐年變大。2033 年，土星環的光環視傾角最大，隨後光環下面（南）的傾角逐年變小。2039 年，土星環的光環視傾角為 0°，隨後光環上面（北）的傾角逐年變大。2047 年，土星環的光環視傾角最大，隨後光環上面（北）的傾角逐年變小。2055 年，土星環的光環視傾角為 0°。至此，土星完成了一個公轉周期 29.46 年。在此期間，太陽直射土星南半球約 13 年 8 個月，直射北半球約 15 年 9 個月。

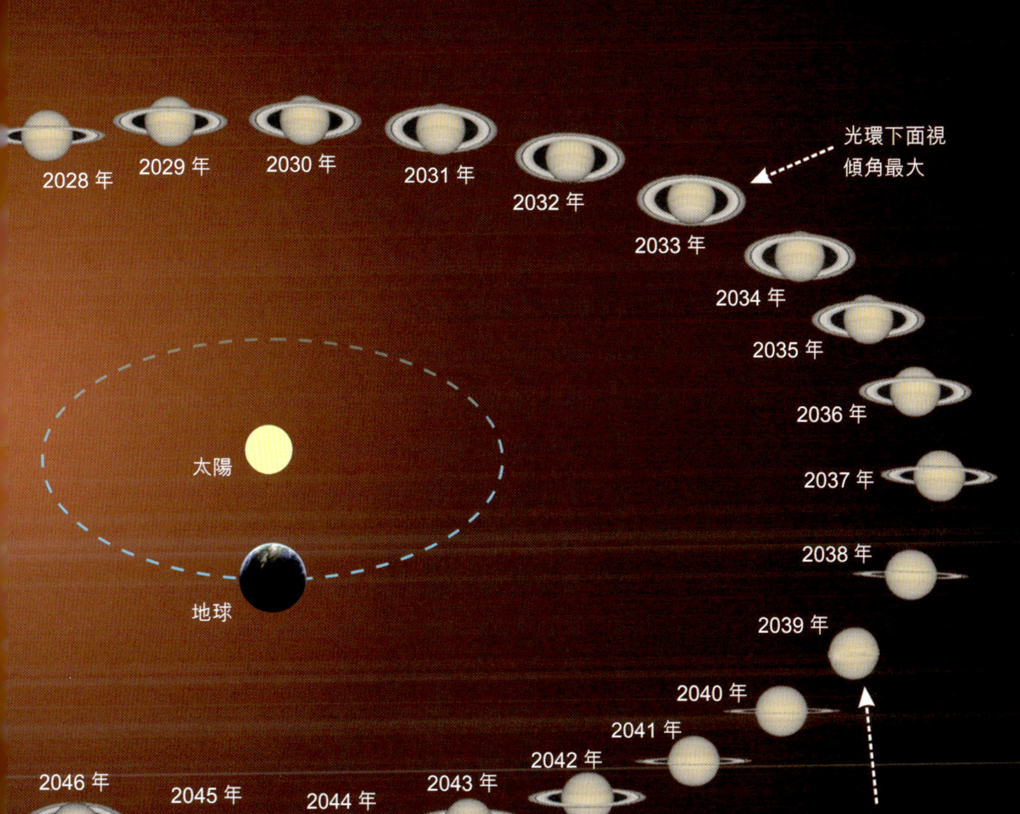
2028 年
2029 年
2030 年
2031 年
2032 年
2033 年
光環下面視
傾角最大
2034 年
2035 年
2036 年
2037 年
2038 年
2039 年
2040 年
2041 年
2042 年
2043 年
2044 年
2045 年
2046 年
太陽
地球
光環與黃道面平行，
觀測不到

水星和金星是地內行星，在視運動過程中會產生合、凌、大距等天象。

行星的合

合是指行星運行到與太陽間的角距為 0° 的特定位置，此時太陽與行星同升同落。
地內行星有上合和下合。太陽處在行星與地球之間為上合，或從地球上看行星處在太陽的外側，此時稱為外合；而行星處在太陽與地球之間為下合，或從地球上看行星處在地球的內側，此時稱為內合。
上合，專用於地內行星；外合，用於地內行星和地外行星。合，專用於地外行星。

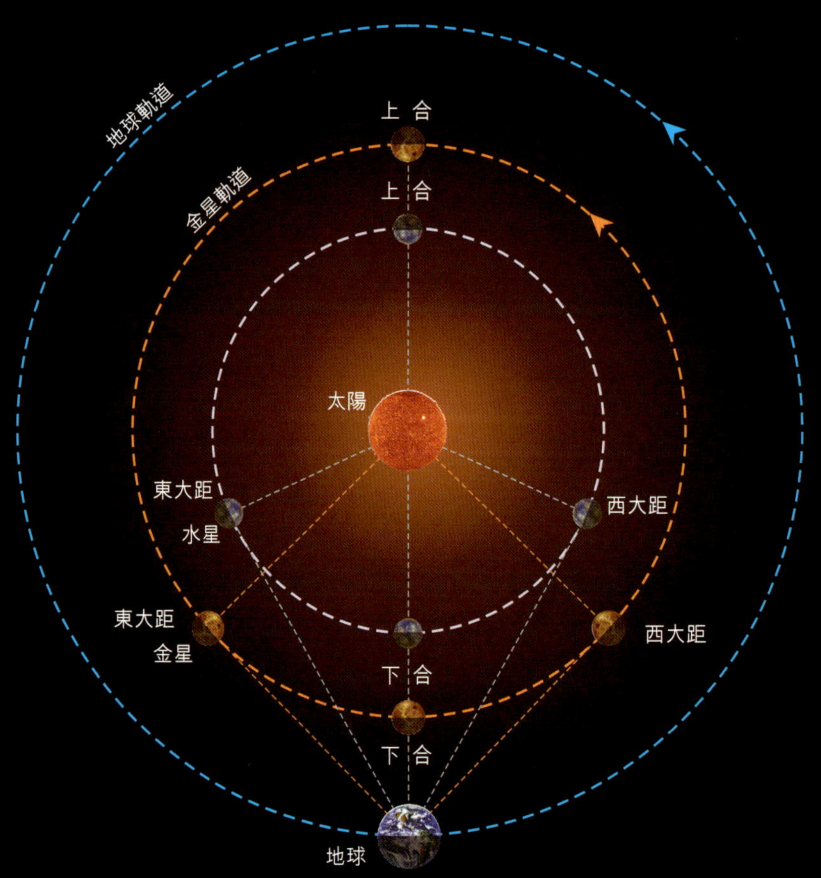

行星凌日

凌日是下合的一種特殊現象，是地內行星的圓面投影在太陽表面上的現象，即地球上可觀測到太陽上出現黑點的現象。

行星大距

大距專指地內行星與太陽間角距的極大值，分為東大距和西大距。地內行星在太陽以東的大距為東大距，地內行星在太陽以西的大距為西大距。

火星、木星、土星、天王星和海王星是地外行星，在視運動中會產生合、衝、方照等天象。

行星的衝

衝是指從地球上看太陽與地外行星分列於地球兩側，角距為 180°。此時行星在子夜上中天，或日落時行星東升，或日升時行星西落，稱為「衝」。地內行星沒有「衝」。「衝」發生在最接近地球的位置時為「大衝」。

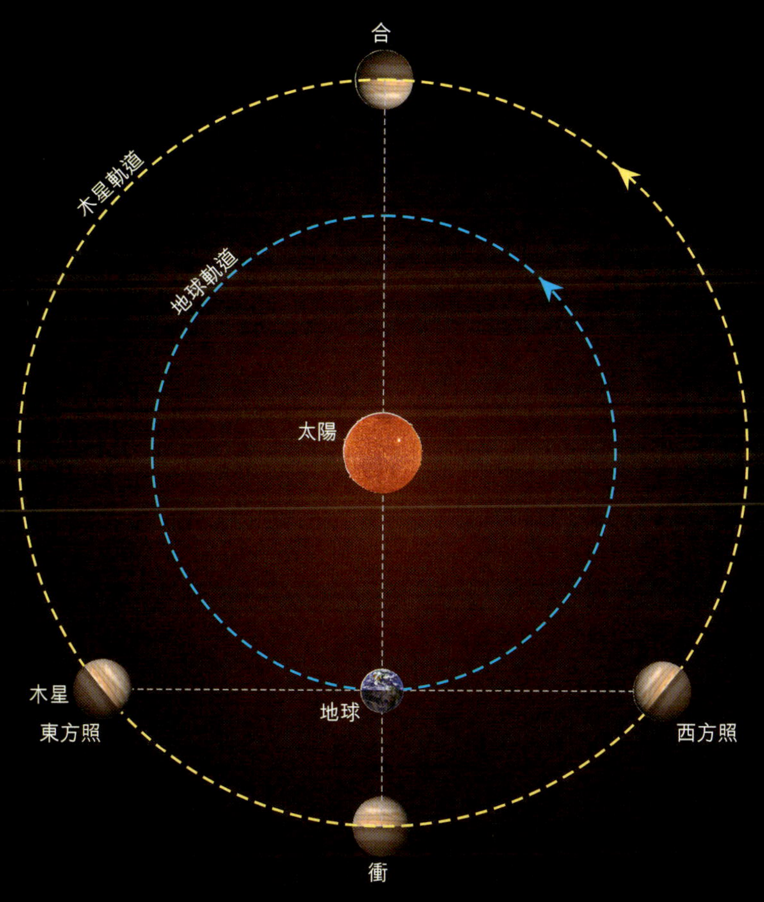

行星的方照

地外行星運行至與太陽間的角距為 90° 時的位置，即是方照。方照分為東方照和西方照。地內行星沒有「方照」。

東方照

地外行星在太陽以東 90° 位置，此時太陽上中天，而地外行星剛從東方地平線升起。

西方照

地外行星在太陽以西 90° 位置，此時太陽上中天，而地外行星恰在西方地平線落下。

凌日觀測視差

對於地球上不同位置的觀測者來說，發生金星凌日時都存在着視差。產生視差的原因有三：

一是同緯度不同地區的凌始和凌終有先後差別；

二是在不同半球觀測入凌和出凌存在東西方向的相反的視差；

三是不同緯度地區凌日路徑不同，因而產生視差。

金星凌日時，在地球上兩個不同的地點同時觀測金星穿越太陽表面所需的時間，由此算出太陽的視差，接着可以進一步推算得出準確的日地距離。

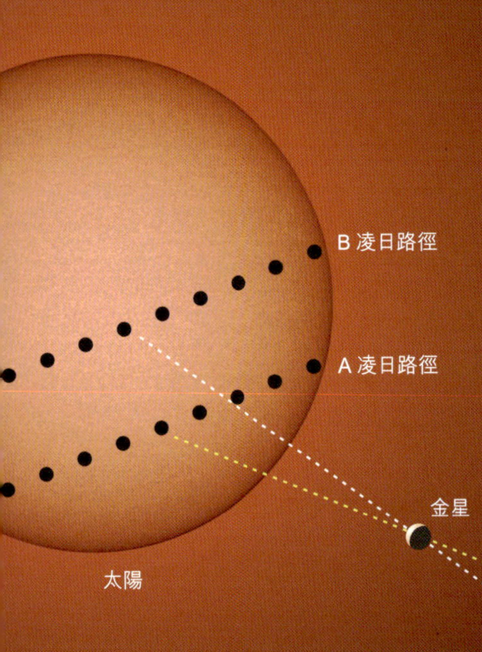

行星凌日有規律嗎？

金星凌日一般發生在 12 月 9 日或 6 月 7 日前後。金星凌日的年份間隔規律為 8 年、105.5 年、8 年、121.5 年，如此類推。

水星凌日必然發生在 11 月 10 日或 5 月 8 日前後，每百年平均發生 13 次。其中，發生在 11 月有 9 次，發生在 5 月有 4 次。

甚麼是行星的逆行？

行星逆行是指行星的軌跡看上去好像在天球恆星背景上出現逆軌道方向的移動。這是一種視覺現象，事實上行星並不是真的掉頭逆行了。這是因為地球和其他行星的公轉周期不一致而造成的。

甚麼是行星的「留」？

行星順行與逆行之間的轉折點稱為留。由順行轉變為逆行的瞬間稱為順留，由逆行轉變為順行的瞬間稱為逆留。這兩個「留」之間的行星走向為逆行。

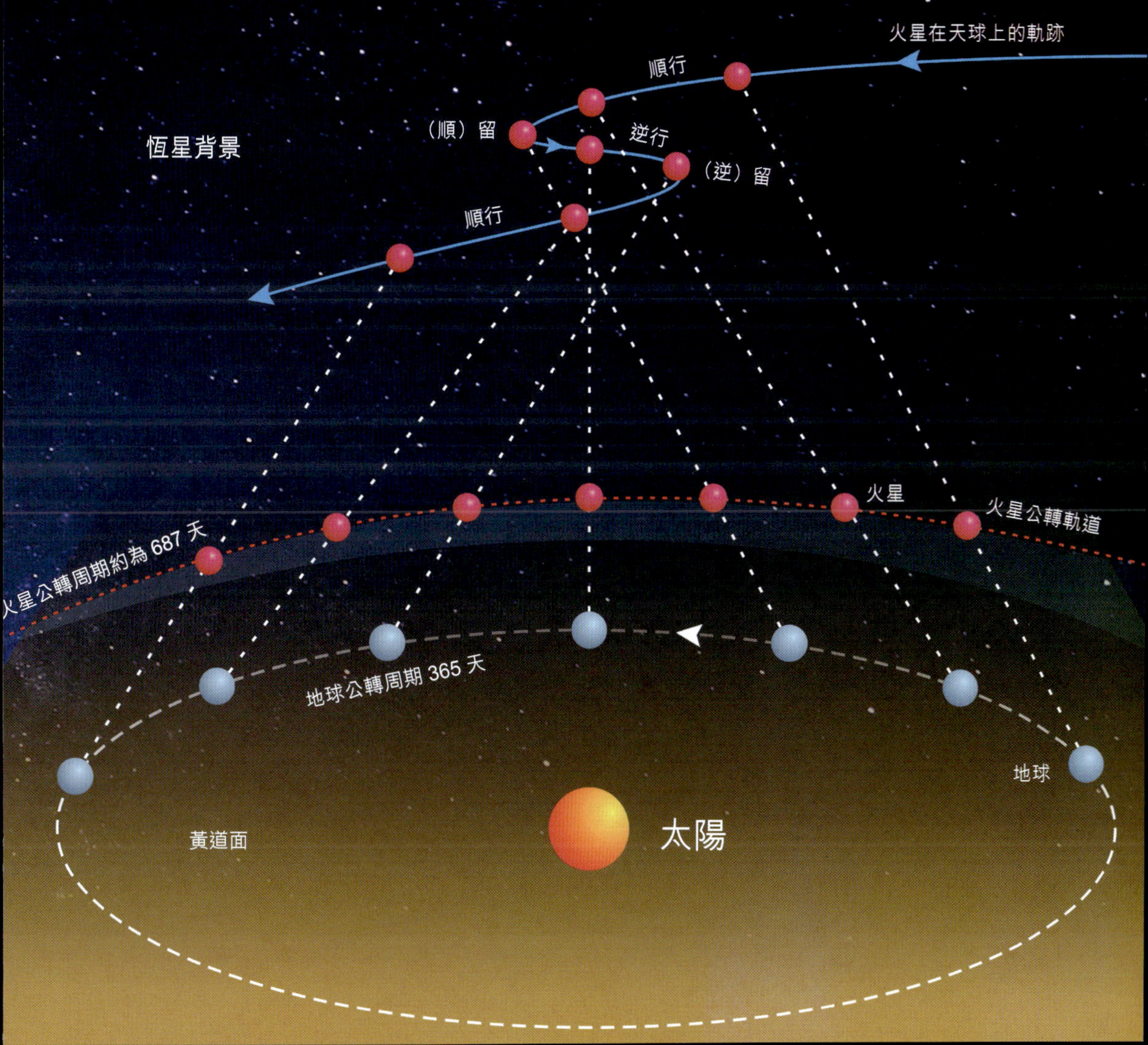

水星

水星——太陽系八大行星之一，是距離太陽最近的類地行星，它每公轉 2 周的同時自轉 3 圈。水星體積小，表面有稀薄的大氣，多環形山，有較強的磁場。在中國古代，水星被稱為辰星。

水星的數據

與日均距：57,909,050 千米（0.38 天文單位）
水星直徑：4,878 千米（地球的 38%）
水星體積：6.083×10^{10} 千米^3（地球的 5.6%）
水星質量：3.3011×10^{23} 千克（地球的 5.5%）
水星質量比重：5.43 克 / 厘米^3
水星溫度：表面白天 430℃，夜間 -180℃
自轉周期：59.64 天
公轉周期：88 天
赤道傾角：0°
軌道傾角：7.01°
軌道離心率：0.205 6
與日角距：小於 28°
衛星數目：沒有

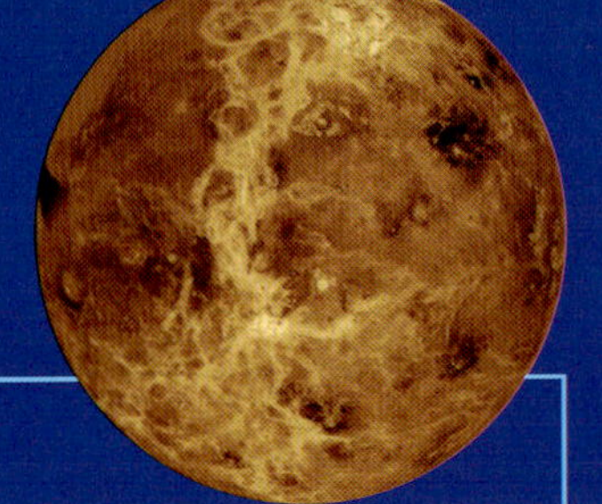

金星

金星——太陽系八大行星之一，是距離太陽第二近的類地行星，自轉慢於公轉且運轉方向相反。它是距離地球最近的大行星，地表有山脈、峽谷和大裂縫，大氣層比地球大氣層厚，沒有磁場。中國古人晨時稱它為啟明，晚時稱它為長庚。

金星的數據

與日均距：108,208,000 千米（0.72 天文單位）
金星直徑：12,104 千米（比地球小 5%）
金星體積：9.2843×10^{11} 千米^3（地球的 86.6%）
金星質量：4.8675×10^{24} 千克（地球的 82%）
金星質量比重：5.24 克 / 厘米^3
金星溫度：表面白天 500℃，夜間 465℃
自轉周期：243.02 天
公轉周期：225 天
赤道傾角：177°
軌道傾角：3.39°
軌道離心率：0.006 8
衛星數目：沒有
最亮星等：-4.9

地球

地球——太陽系八大行星之一，是有人類居住的岩質星球。它近似橢球體，是距離太陽第三遠的岩質行星。內部由地殼、地幔和地核組成，地表由海洋和陸地組成，海洋面積佔71%，陸地面積佔 29%。地球周圍有大氣圈和地球磁層。

地球的數據

日地均距：149,597,870.7 千米

平均半徑：6,371（赤道 6,378，極 6,357）千米

地表面積：510,072,000 千米 ^{2}

地球體積：1.083×10^{12} 千米 ^{3}

地球質量：5.97×10^{24} 千克

地球質量比重：5.52 克 / 厘米 ^{3}

地表溫度：平均 15 ℃（最高 58 ℃，最低 -89 ℃）

自轉周期：24 小時

公轉周期：365 天

赤道傾角：23.5°

軌道傾角：0°

軌道離心率：0.016 7

火星

火星——太陽系八大行星之一，是距離太陽第四遠的類地行星。火星上也有四季，大氣相當稀薄，表面有岩石、隕坑、火山和沙漠，還有河床、溝渠、水道和山谷流域等。從地球上看，火星表面為紅色。中國古代稱它為熒惑。

火星的數據

與日均距：2,279.392 億米（1.52 天文單位）

赤道直徑：6,794 千米（地球的 53%）

火星體積：$1.631\,8 \times 10^{11}$ 千米 ^{3}（地球的 15.1%）

火星質量：$6.417\,1 \times 10^{23}$ 千克（地球的 10.7%）

火星質量比重：3.93 克 / 厘米 ^{3}

火星溫度：表面白天 27 ℃，夜間 -133 ℃

自轉周期：24 小時 37 分鐘

公轉周期：687 天

赤道傾角：25°

軌道傾角：1.85°

軌道離心率：0.093 4

衛星數目：2 顆

木星

木星——太陽系八大行星之一，是距離太陽第五遠的氣體行星，它的體積和質量比其他七大行星的總和還大。它的自轉速度是八大行星中最快的，大氣中有明暗交錯，平行於赤道的雲帶，有類似地球的磁層。中國古代稱它為歲星。

木星的數據

與日均距：7,782.99 億米（5.2 天文單位）
木星直徑：142,984 千米（地球的 11.209 倍）
木星體積：1.4313×10^{15} 千米^3（地球的 1 321 倍）
木星質量：1.8986×10^{27} 千克（地球的 317.89 倍）
木星質量比重：1.33 克 / 厘米^3
木星溫度：平均 -140℃
自轉周期：9 小時 50 分鐘
公轉周期：11.86 年
赤道傾角：3°
軌道傾角：1.31°
軌道離心率：0.048 3
衛星數目：95 顆

土星

土星——太陽系八大行星之一，是距離太陽第六遠的氣體行星，它的自轉速度較快，所以土星的形狀較扁。土星的大氣層很厚，有磁場和輻射帶，在行星的光環中，土星光環的亮度最強。中國古代稱它為鎮星或填星。

土星的數據

與日均距：14,293.9 億米（9.54 天文單位）
赤道直徑：120,536 千米（地球的 9.45 倍）
土星體積：8.2713×10^{14} 千米^3（地球的 764 倍）
土星質量：5.6836×10^{26} 千克（地球的 69%）
土星質量比重：0.69 克 / 厘米^3（水的 70%）
土星溫度：表面白天 -125℃，夜間 -180℃
自轉周期：10 小時 14 分鐘
公轉周期：29.46 年
赤道傾角：27°
軌道傾角：2.49°
軌道離心率：0.055 6
衛星數目：146 顆

天王星

天王星——太陽系八大行星之一，是距離太陽第七遠的氣體行星，肉眼幾乎不可見。天王星的赤道傾角較大，幾乎是橫躺着圍繞太陽公轉和逆向自轉。它的內部由冰和岩石構成，磁場略低於地球。

天王星的數據

與日均距：28,750.4 億米（19.22 天文單位）

赤道直徑：51,118 千米（為地球的 4.007 倍）

天王星體積：6.833×10^{13} 千米^3（地球的 63 倍）

天王星質量：8.681×10^{25} 千克（地球的 14.54 倍）

天王星質量比重：1.27 克 / 厘米^3

天王星溫度：表面白天 -216℃，夜間 -224℃

自轉周期：17 小時 14 分鐘

公轉周期：84.01 年

赤道傾角：98°

軌道傾角：0.77°

軌道離心率：0.046 4

衛星數目：28 顆

海王星

海王星——太陽系八大行星之一，是距離太陽最遠的氣體行星，它是通過天體物理學計算被「找到」的行星。它的亮度很低，肉眼不可見，內部大氣中甲烷含量高，因此呈藍色。它的磁場類似天王星。

海王星的數據

與日均距：45,044.5 億米（30.06 天文單位）

赤道直徑：49,528 千米（地球的 3.9 倍）

海王星體積：6.254×10^{13} 千米^3（地球的 58 倍）

海王星質量：$1.024\,3 \times 10^{26}$ 千克（地球的 17.2 倍）

海王星質量比重：1.64 克 / 厘米^3

海王星溫度：表面白天 -190℃，夜間 -218℃

自轉周期：16 小時 06 分鐘

公轉周期：164.82 年

赤道傾角：28.3°

軌道傾角：1.77°

軌道離心率：0.009 5

衛星數目：16 顆

行星的視大小

火星、木星和土星從「東方照」到「衝」，視直徑逐漸變大，衝時視直徑最大，此後視直徑逐漸變小。軌道距離地球愈近，視直徑變化愈明顯。

木星直徑是火星直徑的 21.04 倍，土星直徑是火星直徑的 17.74 倍，從地球上看，木星遠於火星，土星又遠於木星。因此，木星的視直徑比火星只大 1 倍多，土星的視直徑與火星接近。其他幾個天體的視直徑為：水星約 10"，天王星約 3"，海王星約 2"，太陽 31' 至 33'，月球 29' 至 33'。

最小視直徑約 6"

最小視直徑約 15"

最小視直徑約 31"

最大視直徑約 25"（火星衝）

最大視直徑約 20"（土星衝）

最大視直徑約 50"（木星衝）

望遠鏡觀測行星的視大小

60mm 折射鏡

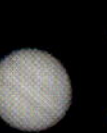

114mm 反射鏡

127mm 折反射鏡

203mm 反射鏡

254mm 反射鏡

60mm 折射鏡

80mm 折射鏡

125mm 折反射鏡

203mm 折反射鏡

280mm 折反射鏡

三、衛星、流星、彗星觀測

甚麼是衛星？

衛星是指圍繞行星、矮行星或小行星等天體，並按閉合軌道做周期性運行的天然天體。衛星不會發光，它們圍繞着主星並隨主星繞恒星運轉。

衛星的觀測

至今太陽系已被發現的衛星有約 288 顆，其中月球是我們可肉眼觀測到的地球衛星，在晴好的夜空我們甚至可肉眼看到木星的衛星。借助望遠鏡，木星和土星的衛星相對容易被觀測到。

木星的衛星

衛星是如何形成的？

行星形成初期，原始星胚形成了一個轉動的扁平星雲盤，星雲盤的中部形成了行星，星雲盤的外部則形成了衛星。此外，有些衛星也可能是被行星的引力所捕獲的過路小天體。

衛星是如何分類的？

衛星按軌道特點，可分為規則衛星和不規則衛星兩種，也稱順行衛星和逆行衛星。

規則衛星

軌道近似圓，傾角較小，與主星同向旋轉且距主星較近的衛星。

不規則衛星

軌道離心率大、傾角大，有時甚至會反向旋轉，位置遠離主星的衛星。已發現的不規則衛星多環繞着木星、土星、天王星和海王星運轉。

衛星的形成

八大行星的主要衛星

水星 0 顆

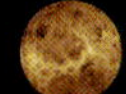
金星 0 顆

地球 1 顆

月球

火星 2 顆

火衛一 火衛二
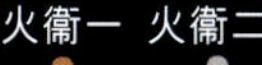

木星 95 顆

木衛一 木衛二 木衛三 木衛四

土星 146 顆

土衛一 土衛二 土衛三 土衛四 土衛五 土衛六 土衛七 土衛八 土衛九
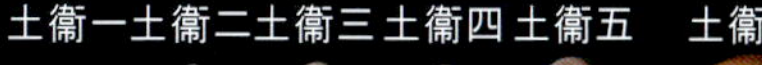
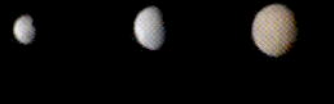

天王星 28 顆

天衛一 天衛二 天衛三 天衛四 天衛五

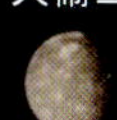

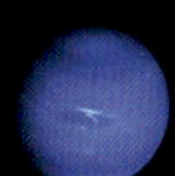
海王星 16 顆

海衛一 海衛二 海衛八

岩質行星與衛星的大小

太陽系中的類地行星、部分矮行星和一些衛星均為由矽酸鹽組成的岩質天體。其中，最大的岩質行星是地球，而木星的木衛三和土星的土衛六兩顆衛星，居然比八大行星之一的水星還大。

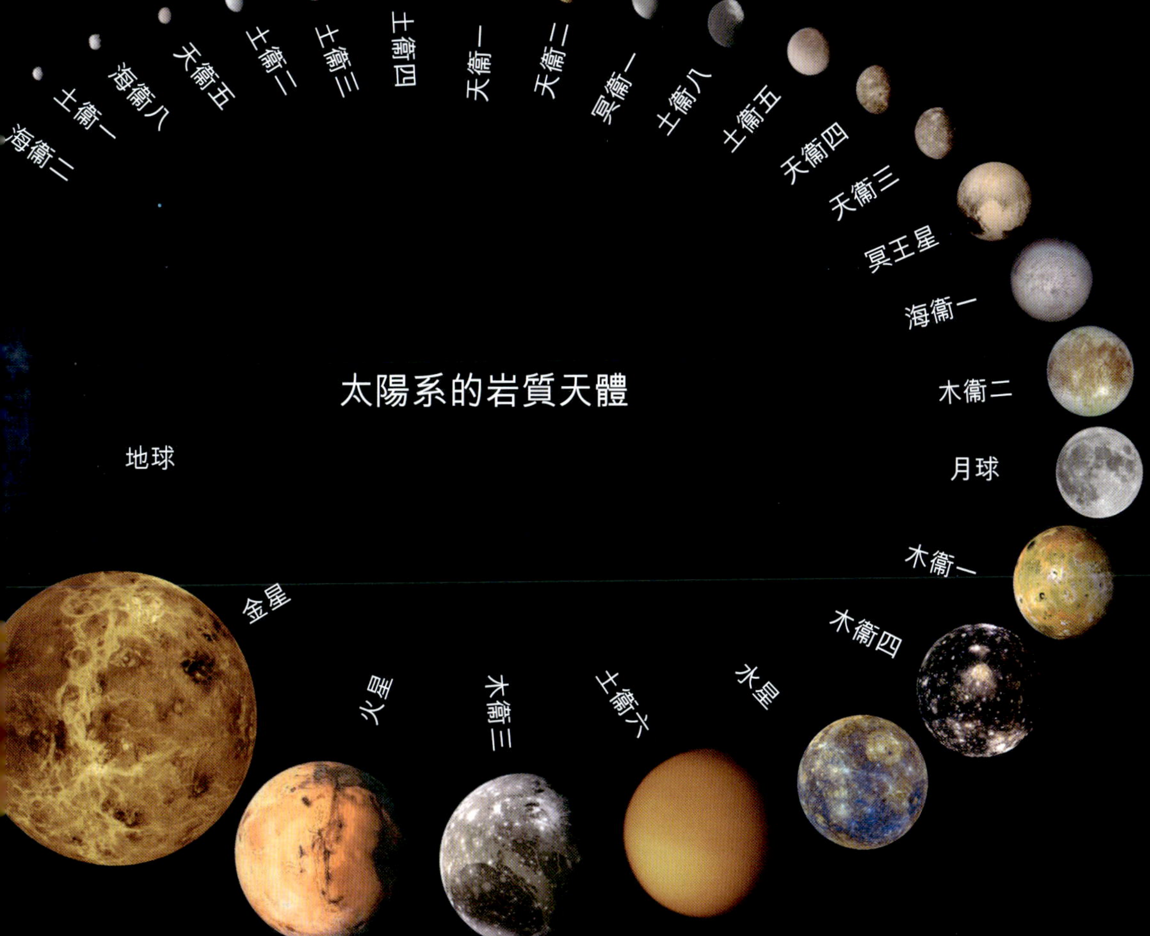
太陽系的岩質天體
海衛二
土衛一
海衛八
天衛五
土衛二
土衛三
土衛四
天衛一
天衛二
冥衛一
土衛八
土衛五
天衛四
天衛三
冥王星
海衛一
木衛二
月球
木衛一
木衛四
水星
土衛六
木衛三
火星
金星
地球

行星環

行星環是指圍繞行星運轉，由眾多小物體組成，靠反射太陽光而發亮的物質環。目前已知木星、土星、天王星和海王星都有行星環。

行星環的成因

① 衛星被行星的引潮力所瓦解；
② 太陽系演化初期所殘留的原始物質不能凝聚成衛星；
③ 位於洛希極限內的較大天體被其他天體撞擊變成碎塊。

洛希極限

洛希極限指某天體與其鄰近天體之間的最小可能距離。衛星近於這一距離時，在行星潮汐作用下將被解體而不能形成衛星。

太陽系的行星環

1610 年伽利略（Galileo Galilei, 1564-1642）首先發現了土星環，1977 年天王星被發現有行星環，1979 年木星也被發現有行星環，1984 年海王星行星環也被發現。目前，太陽系裏的岩質行星都沒有被發現有行星環，而氣體行星亦被發現有行星環。

木星環

沿木星赤道面圍繞木星運行的環狀物，由主環、薄紗環和內暈組成。

土星環

沿土星赤道面圍繞土星運行的環狀物。它初期被發現時有七環，後來陸續發現更多的環，分外環、中環和內環，以及卡西尼環縫和恩克環縫。

天王星環

沿天王星赤道面圍繞天王星運行的環狀物。天王星環幾乎垂直於公轉軌道面，由初期發現時的九環到目前發現了有十幾個環。

海王星環

環繞海王星旋轉的物質盤。它被發現有 5 個完整的環帶，外側是 2 個較亮的窄環，內側是 2 個較暗的瀰漫環。

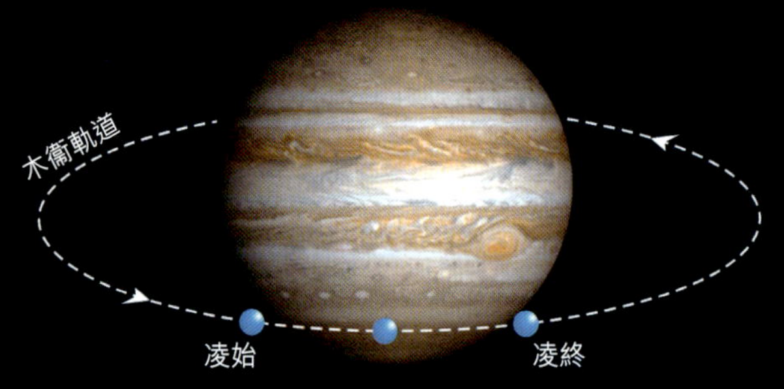

木掩木衛

木掩木衛是指從地球上觀看，木星的衛星運行到了木星後面的現象，即木星遮擋了自己的衛星。需要利用望遠鏡才能夠看到這一天象。

木衛凌木

木衛凌木是指從地球上觀看，木星的衛星運行到了木星前面的現象，即木衛遮擋了木星。需要利用望遠鏡才能夠看到這一天象。

衛影凌木

衛影凌木是指從地球上觀看，衛星的影子落到了木星表面的現象，即木星表面有個衛星的圓黑影。需要利用望遠鏡才能夠看到這一天象。

甚麼是流星？

流星是行星際空間的塵粒和固體塊（流星體）「闖」入地球大氣層時，與大氣摩擦和燃燒產生的光跡。

流星是如何產生的？

流星體原是圍繞太陽運動的，在經過地球附近時受地球引力的作用，改變了軌道進入地球大氣層而產生了流星；或是由彗星尾跡的物質「闖」入地球大氣層而產生的。

流星體的大小相差很大，絕大多數流星體因太小會在大氣層內被摩擦、燃燒、銷毀；極少部分較大的流星體進入地球大氣層後未完全燃燒而降落於地球表面，被稱為隕星。如果降落到地球的隕星直徑在 10 千米以上，其造成的破壞將會使地球上的所有生物滅絕。

甚麼是火流星？

火流星是較大的流星體與地球大氣層劇烈摩擦所產生的耀眼光亮的現象。火流星的亮度劃破天際，可以使物體投下暗影，並會留下雲霧狀的長帶，有的火流星還伴有音爆，甚至有劇烈的爆炸聲。

輻射點

甚麼是流星雨？

流星雨是指許多流星從夜空中一個點（輻射點）向外輻射出來的天文現象。每小時一顆流星的流量就可以稱為流星雨；每小時上千顆流星的流量稱為「流星暴」。

流星雨流量

流星雨流量是指在流星雨觀測中，在觀測環境最佳的情況下，每小時所能看到的流星數量。

10 個著名流星雨的日流量圖

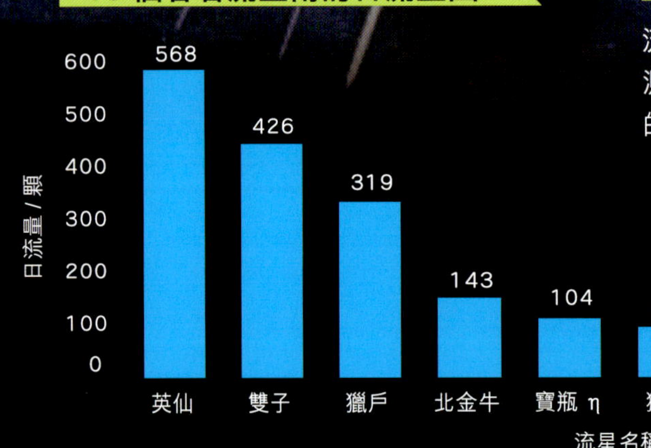

流星雨是如何形成的？

流星雨發源於彗星。彗星進入太陽系，靠近太陽時冰氣融化，塵埃顆粒被噴出彗星母體，並佈滿了彗星軌道。當地球穿過這些塵埃顆粒帶時就會發生流星雨。

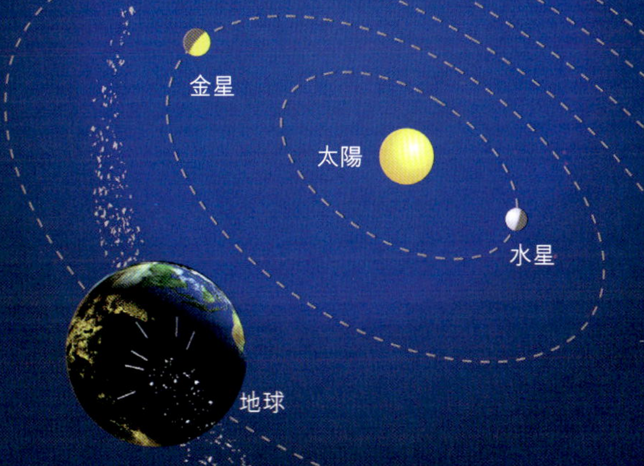

流星雨的命名

每年地球都會在相似的日期穿過眾多彗星軌道上留下的塵埃顆粒，便會產生周期性流星雨。周期性流星雨以其輻射點所在的星座命名。

觀測流星雨時的注意事項

① 了解周期性流星雨發生的時間和位置；
② 選擇適合觀測的黑暗環境和空曠地；
③ 輻射點高度角相對低時，觀測效果會更好；
④ 如果拍攝流星雨，不要將輻射點放在視場中央。

甚麼是彗星？

彗星是指進入太陽系後，亮度和形狀會隨着與太陽距離變化而變化的繞日運動的天體，其外貌呈雲霧狀，形狀像掃帚，中國古代俗稱其為掃帚星。

彗星的結構和成分

彗星體分為彗頭和彗尾兩部分，整個均被彗雲包圍着。彗頭由彗核與彗髮構成。彗核是彗頭的主要部分，主要由岩石、水冰、二氧化碳、氨、甲烷等，以及少量的複雜有機物組成。

太陽

彗星為甚麼有尾巴？

由於彗星的主要成分是水冰，當彗星接近太陽時，彗星物質蒸發，在冰核周圍形成朦朧的彗髮和由稀薄物質流構成的兩條彗尾，一條是由灰塵組成的黃色塵埃彗尾，另一條是由氣體組成的藍色離子彗尾。由於受太陽風的壓力作用，離子彗尾總是指向背離太陽的方向，形成一條長長的尾巴，而塵埃彗尾則尾隨彗頭在軌道上移動。

彗星的形態是隨着距離太陽的遠近而變化的，距離太陽愈近，彗尾愈長；反之，彗尾愈短，甚至沒有彗尾。

彗星是從哪裏來的？

彗星的來源是多渠道的。一般認為，在太陽系外緣有一個包圍着太陽系，佈滿冰塊的奧爾特雲球層，那裏約有數千億顆冰塊。由於受到其他恆星引力的影響，部分冰塊進入太陽系內部，變成了我們看到的彗星。還有人認為，彗星是來自柯伊伯帶或來自太陽系外的星際物質。

彗星的運行軌道

多數彗星的運行軌道為拋物線或雙曲線，少數為橢圓。彗星的軌道可能會受到行星引力的影響而產生變化，從而使彗星脫離太陽系，或由長周期彗星變為短周期彗星，或從非周期彗星變成周期彗星。流星和彗星沒有必然聯繫，但流星大都是由彗星在運行軌道上留下的尾跡所產生的。

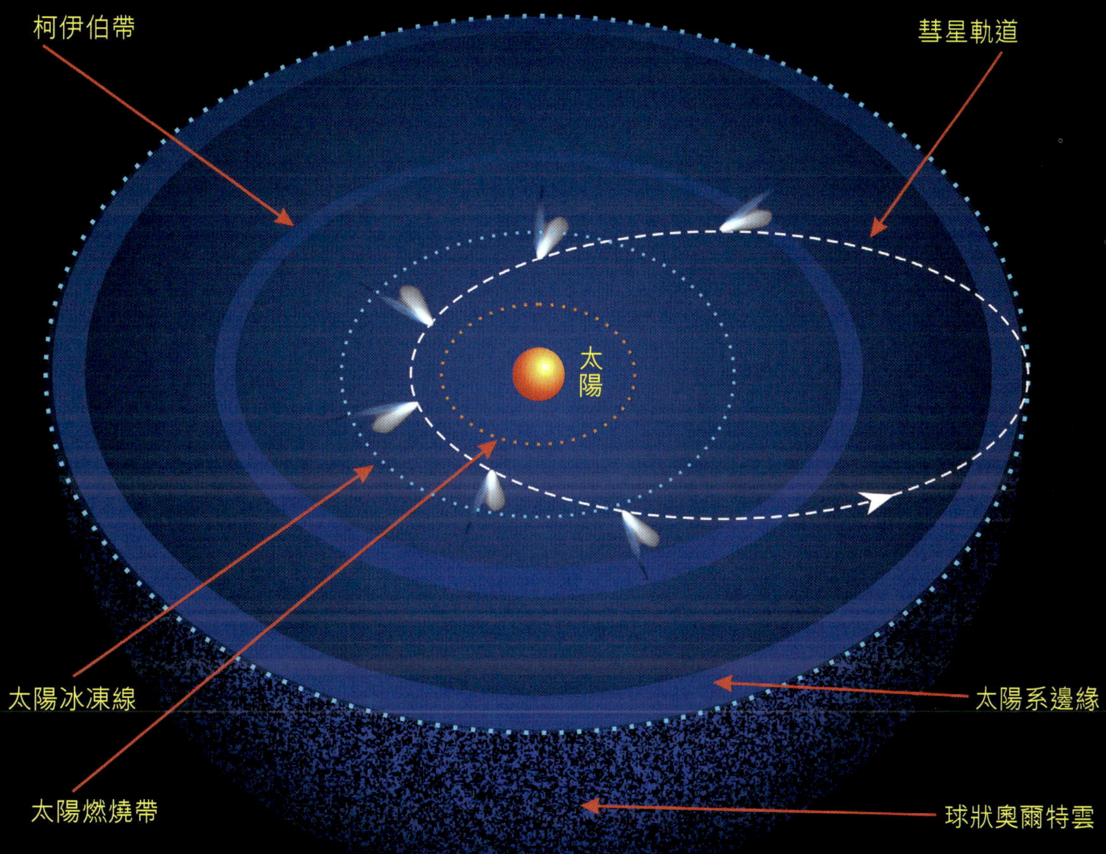
柯伊伯帶
彗星軌道
太陽
太陽冰凍線
太陽系邊緣
太陽燃燒帶
球狀奧爾特雲

彗星是如何分類的？

進入太陽系的彗星，由於受大行星引力的影響，一部分逃出了太陽系，再也不會回到太陽系，成為非周期彗星；另一部分被太陽系引力「捕獲」，成為周期彗星。周期彗星又分短周期彗星和長周期彗星。

周期彗星

周期彗星是指軌道橢圓，繞太陽公轉的彗星。繞太陽公轉周期短於 200 年的為短周期彗星，公轉周期超過 200 年的為長周期彗星。

非周期彗星

非周期彗星的軌道為拋物線或雙曲線，終生接近太陽，一旦離去就永不復返。

彗星會發光嗎？

彗星本身不發光，我們之所以能夠看到彗星，一是彗星受太陽風衝擊所產生的螢光現象，二是彗星體反射了太陽光。彗星的彗頭較亮，離子彗尾窄且長直，塵埃彗尾寬且彎曲。彗星的亮度是隨着距離太陽的遠近而變化的，距離太陽愈近，亮度愈大。

彗星是如何命名的？

彗星通常以發現者的名字來命名，但有少數以其軌道計算者的名字來命名。

彗星是如何編號的？

1995 年起，國際天文聯合會（IAU）採用以半個月為單位，按英文字母順序排列的新彗星編號法。按照除了 I 和 Z 以外的 24 個英文字母的順序和日期排列，如 1 月份上半月為 A，1 月份下半月為 B，如此類推至 12 月下半月為 Y；再以 1、2、3 等數字序號編排同一個半月內所發現的彗星。

為方便識別彗星的狀況，在編號前加上了標記：
A 是小行星；
P 是確認回歸 1 次以上的短周期彗星，P 的前面再加上周期彗星總表編號；
C 可能是長周期彗星；
X 是尚未算出軌道根數的彗星；
D 是不再回歸或可能已消失了的彗星；
S 是新發現的行星的衛星。

如果彗星破碎分裂成 3 個以上的彗核，則在編號後加上「-A」「-B」等以區分每個彗核。
回歸彗星方面，如彗星再次被觀測到回歸時，則在 P（或可能是 D）前加上一個由 IAU 小行星中心給定的序號，以避免該彗星回歸時被重新標記。

彗星的觀測

目前已知的回歸彗星有 5,200 多顆，每年可以觀測到的有 20 多顆。其中絕大多數彗星都不夠明亮，只是一個模糊的光點，甚至肉眼觀測不到。即使是明亮的彗星，由於回歸周期較長，有幸觀測到的概率也非常小。

具體觀測方法：

①了解彗星出現的時間、方位、地平高度、位於哪個星座、輻射點等資訊；
②肉眼觀測，選擇一個較好的觀測地點，抓住彗星接近太陽的時間段觀測，因為彗星愈接近太陽，彗尾愈長，光度愈大，色彩愈分明；
③使用雙筒望遠鏡觀測彗星的顏色、兩條彗尾的形狀和方向；
④使用大型的望遠鏡可以觀測到彗星各個部位更多的細節，諸如彗核、彗髮、噴流等等。

四、深空天體觀測

甚麼是深空天體？

深空天體是指除太陽系天體和恆星之外的天體。深空天體是視面天體，但由於非常遙遠，肉眼能夠觀測到的為數不多。

深空天體的分類

深空天體主要指星雲、星團和星系。這些天體有大有小、有遠有近和有明有暗，是天文愛好者觀測的重要目標。

三角座星系（M33）

銀河系

馬頭星雲

深空天體是如何命名的？

按天文學慣例，通常以某一星表的數字序號來為深空天體命名，最常見的名稱來自M、NGC 和 IC 三個星表。其中，M 星表是指法國天文學家梅西耶（Charles Messier, 1730-1817）於 1774 年發表的梅西耶星雲星團表；NGC 是丹麥天文學家德雷耳（John Dreyer, 1852-1926）於 1888 年刊佈的星雲星團新總表的簡稱；後來，德雷耳又分別於 1895 年和 1908 年對 NGC 進行了增補，稱為星雲星團新總表續編（簡稱 IC）。

甚麼是星系？

星系是由幾十億至幾千億顆恒星，以及星際氣體和塵埃物質構成的，並且空間範圍有幾千至幾十萬光年之大的天體系統。太陽系所在的銀河系就是一個星系。

M110

NGC147

NGC185

銀河系

大麥哲倫星系

仙女座星系（M31）

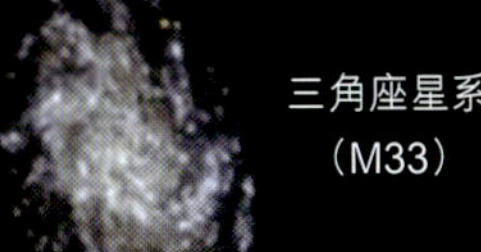

三角座星系（M33）

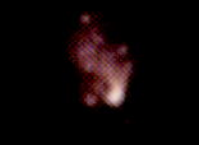

NGC6822

星系的數量

目前觀測到的星系有上千億個，距離比較近的星系約有 1,500 個，其中本星系群內星系有 50 多個。肉眼明顯可見的星系主要有仙女座星系、大麥哲倫星系和小麥哲倫星系。

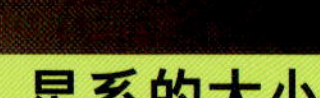

星系的大小

星系的大小差異很大，直徑從幾萬光年到數百萬光年不等。有些星系只由幾百萬顆恆星組成，而有些星系由幾百億甚至上萬億顆恆星組成。

銀河系與幾個星系的直徑比較

銀河系直徑：10 萬光年

仙女座星系直徑：22 萬光年

禿鷹星系(NGC6872)直徑：52.2 萬光年

Malin 1 星系直徑：65 萬光年

NGC 4889 星系直徑：83.2 萬光年

UGC 2885 星系直徑：130 萬光年

IC 1101 星系直徑：550 萬光年

星系是如何分類的？

哈勃星系分類

美國天文學家哈勃（Edwin Powell Hubble, 1889-1953）對星系做了大量觀測，提出了按星系形態劃分星系的分類系統。經過不斷完善，他完成了著名的哈勃分類，這是目前天文學領域廣泛應用的一種星系分類法。按該分類法星系主要分為橢圓星系、螺旋星系、棒旋星系、透鏡星系和不規則星系。

橢圓星系

指外形呈球形或橢球形的一種星系，其中心亮，邊緣漸暗，有恒星密集的核心，外圍有許多球狀星團。

透鏡星系

指在哈勃星系分類中介於橢圓星系和螺旋星系之間的星系。

螺旋星系

指佔星系總數的 80%，核心較圓，從核心處延伸出兩條或多條旋臂的星系。每個螺旋星系的旋臂纏的鬆緊程度略有差異。

不規則星系

指不存在核球，也沒有旋臂結構，形狀奇特，沒有對稱性，質量很小，由巨星、超巨星、氣體星雲、疏散星團、大量氣體和塵埃組成的星系。

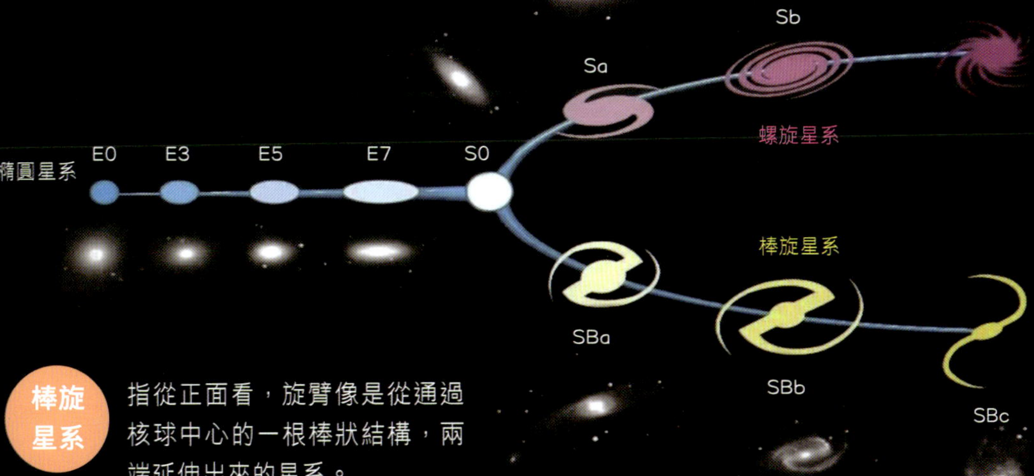

棒旋星系

指從正面看，旋臂像是從通過核球中心的一根棒狀結構，兩端延伸出來的星系。

星系是如何形成的？

目前最流行的觀點認為，宇宙是由一次大爆炸形成的，宇宙在膨脹中形成了星系。

暗能量使宇宙加速膨脹

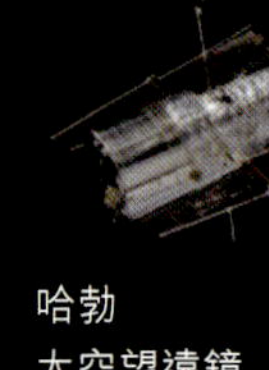

哈勃
太空望遠鏡

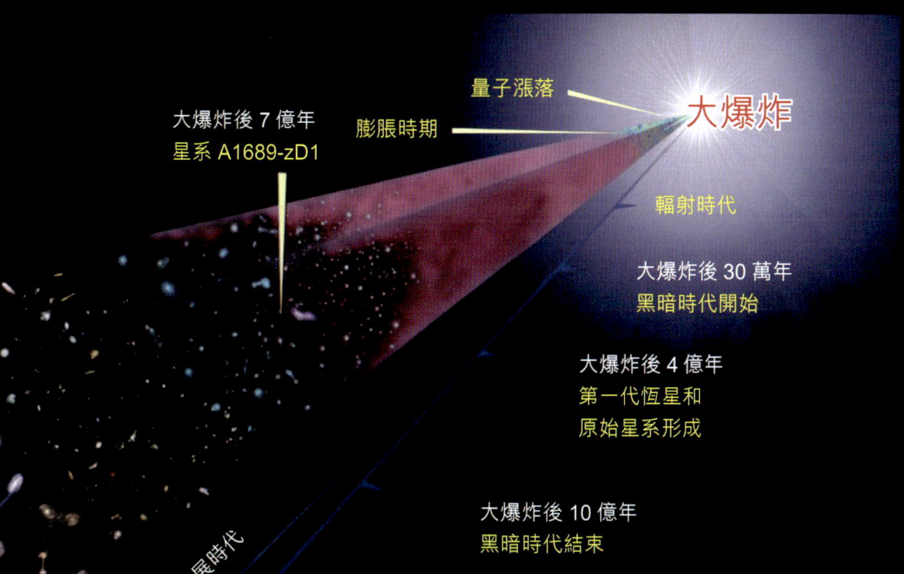

星系的形成過程

宇宙在大爆炸後不到萬分之一秒的時間裏，經歷了一個急速膨脹的過程。此後的 138 億年裏，先後經歷了輻射時代、黑暗時代、第一代恆星和原始星系形成、恆星及其行星和星系發展時代。

甚麼是星雲？

星雲是指由星際氣體和塵埃聚集而成的雲霧狀天體，主要構成成分是氫，其次是氦，還含有一定比例的金屬元素等物質。

星雲是如何分類的？

按發光性質可分為發射星雲、反射星雲和暗星雲。
按形態可分為瀰漫星雲、行星狀星雲、超新星爆發後殘剩的物質雲等。

發射星雲

受附近高溫恆星的紫外輻射激發而發光。著名的發射星雲有麒麟座玫瑰星雲。

反射星雲

具有吸收光譜的特徵，星雲散射或反射其裏面或近旁的亮星的光而發光，故稱反射星雲。著名的反射星雲有昴星團星雲和仙王座星雲。

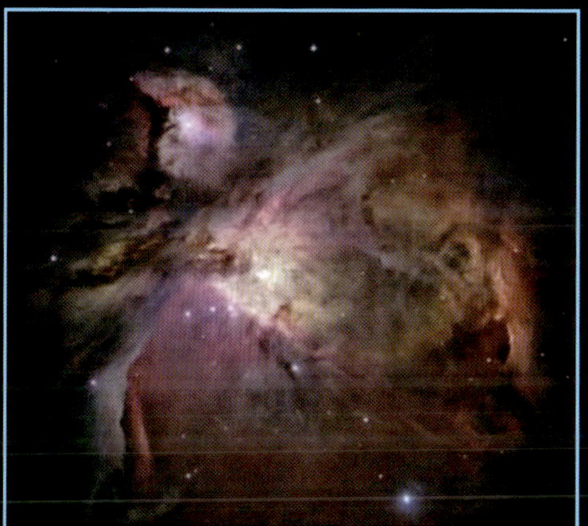

瀰漫星雲

由氣體和塵埃組成，形狀不規則，呈漫散狀，無明顯邊界，大小從幾光年至幾十光年不等。有亮星雲和暗星雲兩種。

行星狀星雲

由稀薄的電離氣體組成。恆星在演化晚期留下一個熱的暴露的核，外邊圍繞着由噴出氣體組成的發光殼層，形狀如行星。著名的行星狀星雲有狐狸座中的啞鈴星雲。

甚麼是星團？

星團是指由十幾顆至千萬顆恆星組成，有共同起源，互相之間有較強力學聯繫的天體集團。星團可分為疏散星團和球狀星團兩大類。

甚麼是疏散星團？

疏散星團結構鬆散，外形不規則，用天文望遠鏡可以辨認出各個單星。疏散星團一般包含十幾顆到幾千顆恆星，距離地球遠近也不等，絕大部分分佈在銀道面附近，大多是在近幾百萬年內誕生的。同一個星團的成員有着相似的空間運動速度。

疏散星團

甚麼是球狀星團？

球狀星團結構緻密，中心較密集，外形呈圓球或橢球形。球狀星團一般包括幾萬顆到幾百萬顆恆星，平均密度比太陽附近的恆星密度大 50 多倍。其中心密度更大，是恆星密度的上千倍。

銀河系內已發現 150 多個球狀星團，同時在其他星系也有發現。半人馬座 ω 是全天最亮的球狀星團，北天球最亮的是武仙座球狀星團（M13）。

球狀星團

甚麼是梅西耶天體？

梅西耶天體是指由 18 世紀法國天文學家梅西耶所編寫的星雲星團表中列出的 103 個天體，後人增至 110 個。它是星雲、星團和星系中最為壯觀美麗的天體，表中所列的天體亮度大多都在 10 等以內，用小型天文望遠鏡就可以觀測到。梅西耶天體一直受到廣大天文愛好者的喜愛，成為觀測和拍攝的首選。

梅西耶天體的分佈

110 個梅西耶天體分佈在 35 個星座內，其中人馬座內的梅西耶天體有 15 個之多。其他梅西耶天體較多的星座分別是室女座 11 個、后髮座 8 個、蛇夫座 7 個、大熊座 7 個、獵犬座 5 個、獅子座 5 個、天蝎座 4 個，而其他 53 個星座內沒有梅西耶天體。

肉眼能夠看到的梅西耶天體

多數梅西耶天體都比較暗淡。下列的梅西耶天體可以用肉眼觀測到，但其中多數的觀測條件極其苛刻，只有在符合沒光污染、沒空氣污染、視力及夜視能力培養等條件下才能實現觀測。

M2	M3	M4	M5	M6	M7	M8	M11	M13	M15	M16	M17
M20	M21	M22	M24	M25	M31	M33	M34	M35	M36	M37	M39
M41	M42	M44	M45	M46	M47	M48	M50	M55	M67	M92	M93

甚麼是 NGC 天體？

NGC 天體是指 1880 年由丹麥德雷耳總匯而成的星雲和星團新總表內的天體，共有 7,840 個。它包括了除暗星雲以外幾乎所有類型的深空天體。NGC 包含了差不多所有梅西耶天體。

甚麼是 IC 星表？

IC 星表，又稱索引星表，是以 NGC 星表為基礎的拓展和續編表。星表增添了 5,386 個天體，有 IC Ⅰ和 IC Ⅱ兩份。

仙女座星系
M31（NGC224）

肉眼觀測星系

我們肉眼能夠看到的星系主要有三個。

一個是仙女座星系，是人類肉眼能夠看到的最大星系，距離我們約 254 萬光年，比銀河系大 1 倍。仙女座星系的視面積很大，約為滿月的 7 倍，亮度 4.8 等，邊緣暗淡模糊，中間明亮些，是一個比月亮還要小的光斑。

另外兩個肉眼能觀測到的星系就是大麥哲倫星系和小麥哲倫星系，均位於南天球，只有在南半球才能夠看到。大麥哲倫星系距離我們約 16 萬光年，視星等為 0.9 等。小麥倫星系距離我們約 20 萬光年，視星等為 2.7 等。

仙女座星系

大麥哲倫星系

小麥哲倫星系

利用望遠鏡觀測星系

與一些深空天體不同，星系很難看清，因為距離我們太過遙遠，它們的光很散，而且細節往往很模糊。除了少數幾個星系外，它們看起來又小又暗。解決辦法就是選擇大口徑望遠鏡進行觀測。除了用高倍望遠鏡外，我們在觀測星系時還要有足夠的耐心，以及選擇好的場地和環境。同時，使用濾光片會有更好的觀測效果。

肉眼能夠觀測到的星團

下面這些星團雖距離我們數萬億千米，但用肉眼就能觀測到。星團是一大群恆星，其成員通過互相之間的引力吸引結合在一起。星系則不同，星系雖是受引力束縛的恆星群，但要比星團大上萬倍。

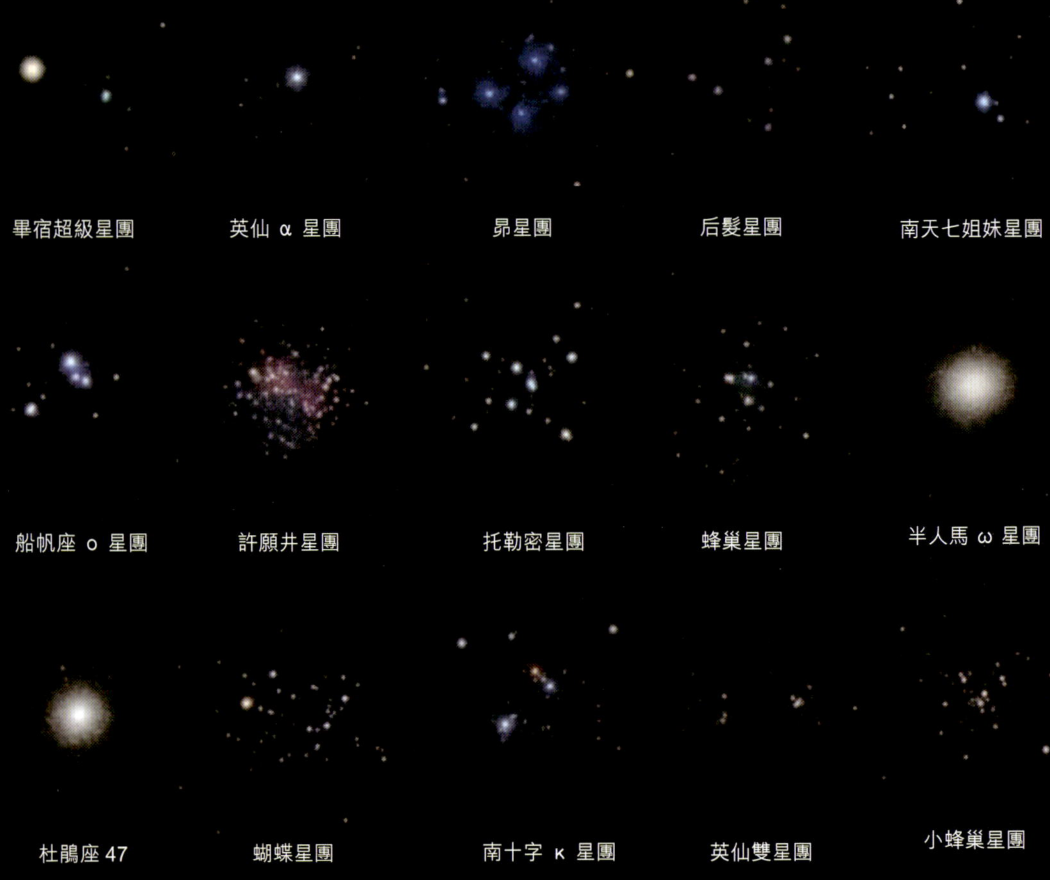

畢宿超級星團　英仙 α 星團　昴星團　后髮星團　南天七姐妹星團

船帆座 o 星團　許願井星團　托勒密星團　蜂巢星團　半人馬 ω 星團

杜鵑座 47　蝴蝶星團　南十字 κ 星團　英仙雙星團　小蜂巢星團

昴星團的觀測

在金牛座的一個牛角上，很容易找到北半天球最明亮的疏散星團——昴星團，其梅西耶天體編號為 M45，是二十八宿中的昴宿，因此得名「昴星團」。用肉眼就可以分辨出星團中至少 7 顆 5 等以上的亮星，因此也被稱為七姐妹星團。昴星團中遠不止 7 顆星，它的成員有好幾百顆恆星，明亮的恆星會將周圍的塵埃和氣體映出美麗的藍色。星團角直徑將近 2°，比滿月要大得多。

使用普通的望遠鏡觀測昴星團就可以得到很好的效果，它也是深空天體攝影中的初級拍攝目標。

昴星團

肉眼觀測星雲

星雲是稀薄氣體和塵埃構成的天體，也是宇宙中最美麗的天體。不過，在地球上如果不借助天文望遠鏡，單憑人類的肉眼只能夠看到三個星雲。

這三個星雲，一個是獵戶座大星雲，位於獵戶座；一個是船底座星雲，位於南半球的天空上，在北半球觀測不到；還有一個是礁湖星雲，位於南天人馬座。肉眼能夠看到礁湖星雲，說明觀測者眼睛的視力較好。

獵戶座大星雲

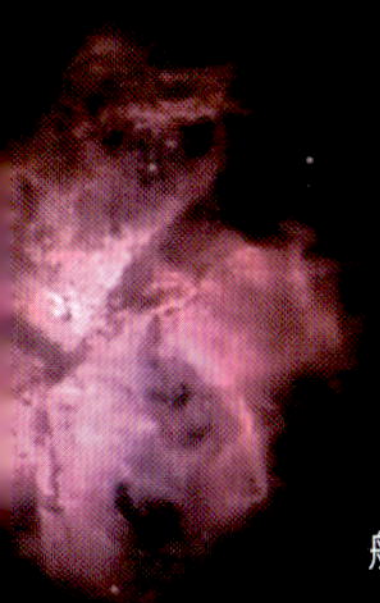

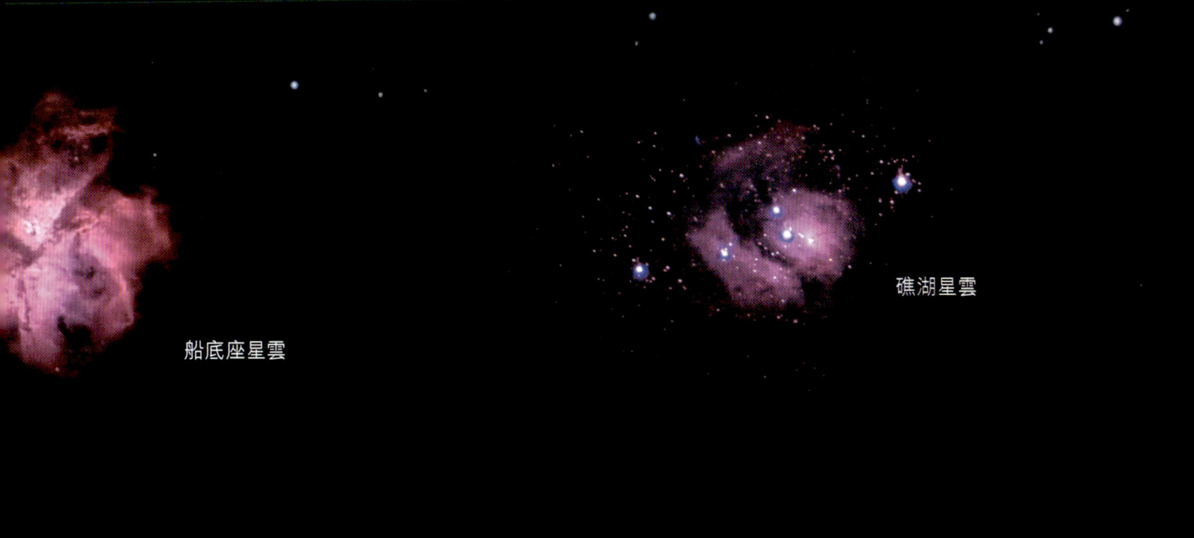

船底座星雲

礁湖星雲

馬頭星雲的觀測

馬頭星雲是非常著名的深空天體之一，它位於獵戶座 ζ 星（參宿一）的左下處，最佳觀測時間是 12 月和 1 月。

如何用望遠鏡觀測星雲？

① 選擇大口徑望遠鏡；
② 培養眼睛適應黑暗的能力；
③ 學會使用濾光片；
④ 準備一份星圖或天文軟件；
⑤ 選擇視寧度好的天氣。

五、星座觀測

甚麼是星座？

古人根據星星的位置把星空劃分成星群，不同文明的國家對星空的劃分和命名方式各不相同。

西方人把星空分為若干個區域，每個區域內的星群組成一個星座。

中國古人把星空劃分為三垣四象，即紫微垣、太微垣與天市垣這三個區和二十八宿。

西方星座有多少個？

公元 150 年，埃及科學家托勒密（Claudius Ptolemy, 約 100-170）列出了包括黃道 12 個星座在內的 48 個星座，在他之後星座陸陸續續增加。1922 年，國際天文聯合會最後確認全天劃分為 88 個星座。其中，北天星座 28 個，南天星座 47 個，黃道星座 13 個。

星座是如何命名的？

西方人根據每個星座中一些亮星連線組成的圖形，配以神話故事，冠以不同的星座名稱，採用拉丁語標註，並將名稱簡化為 3 個拉丁字母。

88 個星座的名稱中，14 個用人名，9 個用雀鳥名，2 個用昆蟲名，29 個用水陸動物名，34 個用神話異獸及器具名來命名。多數星座亮星連線的形狀與它們的名稱不匹配。

星座是如何劃界的？

每個星座的界限均用平行於天球上的赤經圈和赤緯圈的弧線來劃分，但劃分的星座大小、形狀各不相同。

北天星座位置

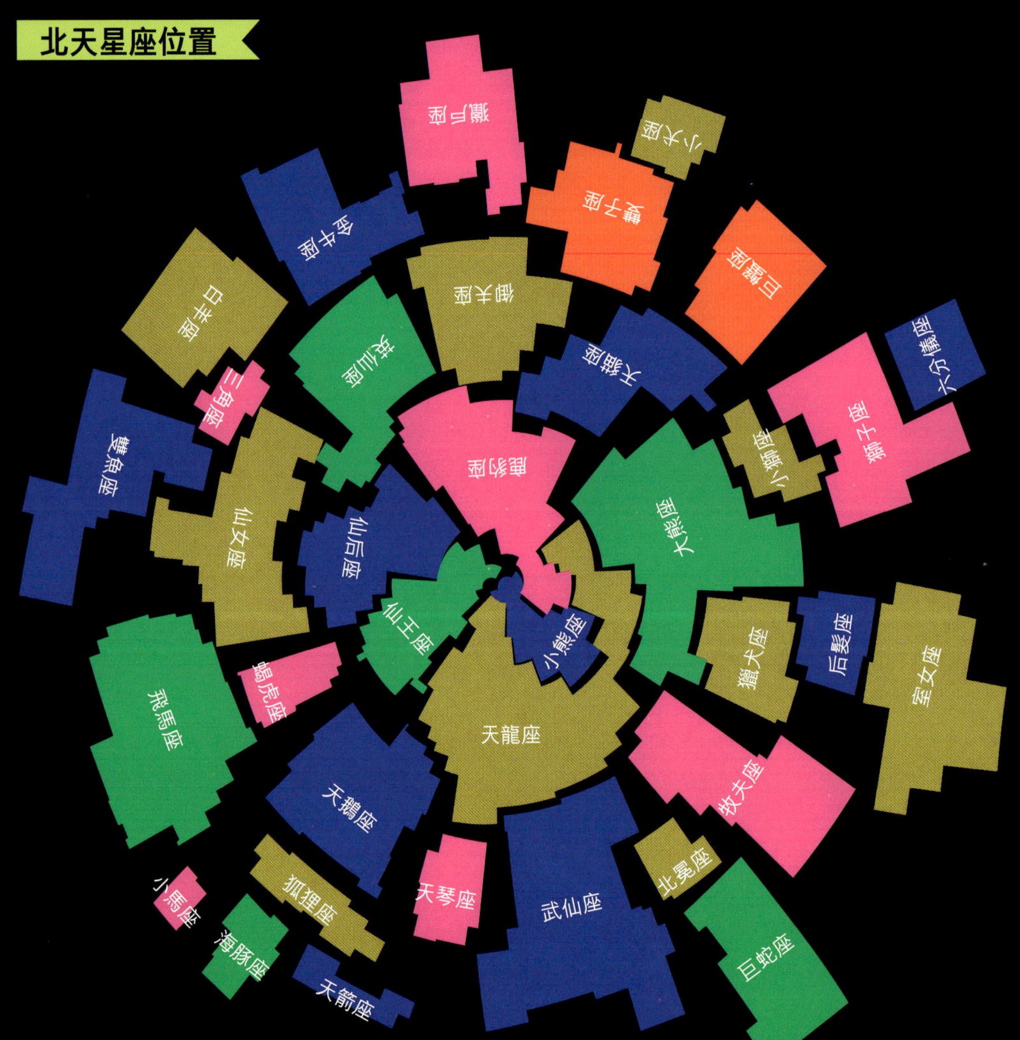

南天星座位置

麒麟座
大犬座
天兔座
波江座
天鴿座
雕具座
船尾座
羅盤座
長蛇座
唧筒座
船帆座
船底座
繪架座
天爐座
鯨魚座
劍魚座
網罟座
時鐘座
飛魚座
山案座
水蛇座
鳳凰座
玉夫座
巨爵座
半人馬座
南十字座
蝘蜓座
南極座
杜鵑座
蒼蠅座
烏鴉座
天燕座
孔雀座
印第安座
天鶴座
南魚座
寶瓶座
南三角座
圓規座
望遠鏡座
顯微鏡座
矩尺座
天壇座
豺狼座
南冕座
摩羯座
天蠍座
天秤座
人馬座
盾牌座
巨蛇座
天鷹座
蛇夫座

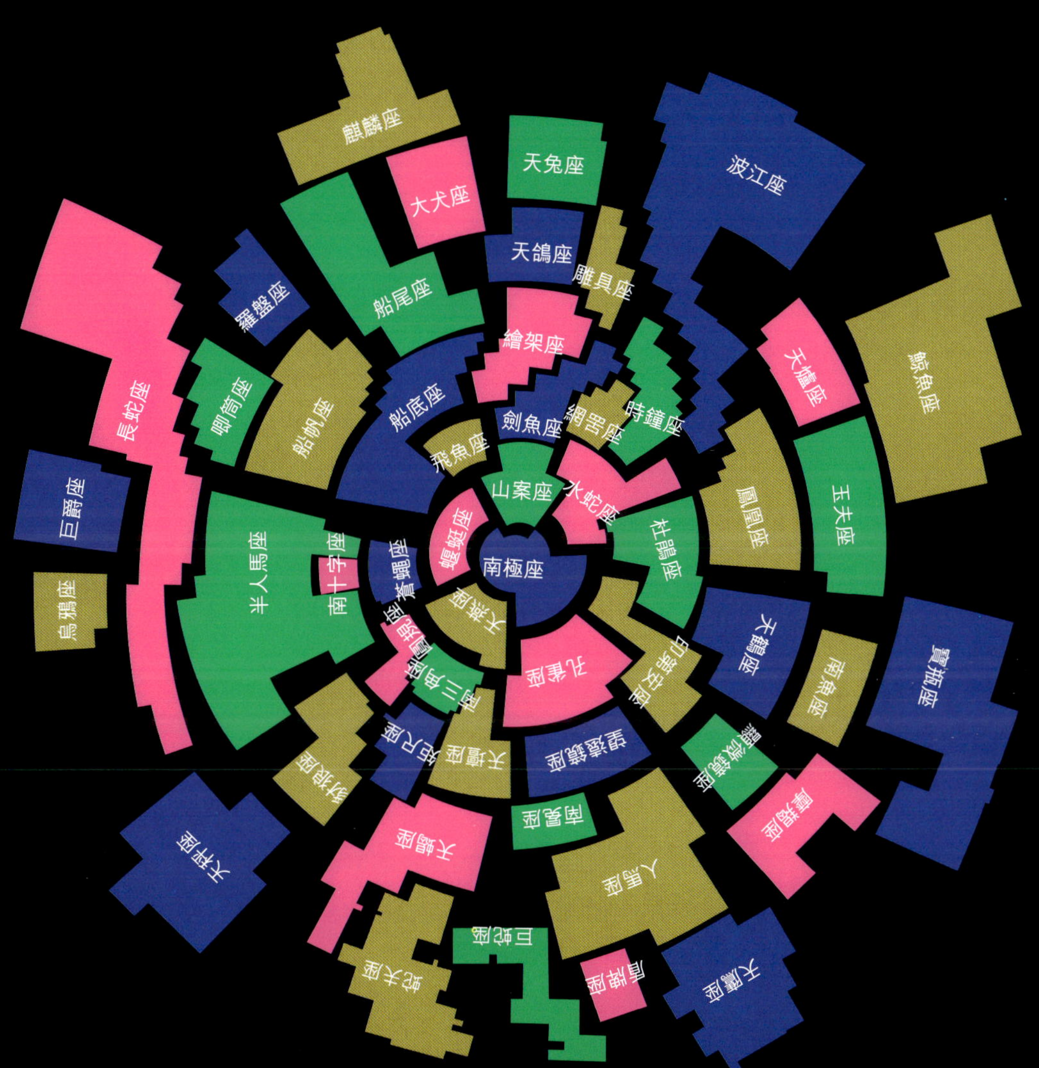

中國古人對星空的劃分

中國古人把夏夜星空劃分為紫微垣、太微垣、天市垣三片星空，稱為三垣；將日、月、五行經過的星群分為四象，每象七宿，共二十八宿。

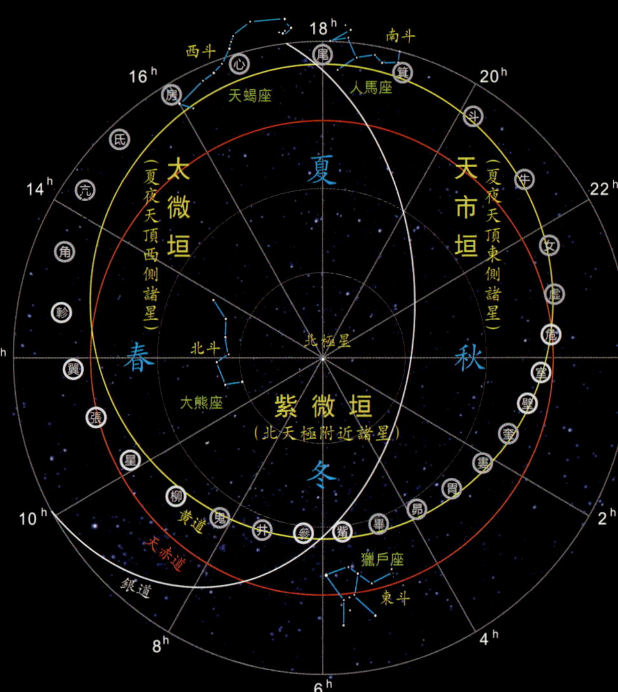

甚麼是三垣？

紫微垣　北天極附近諸星，為黃河流域的拱極星區。

天市垣　夏夜天頂東側諸星，大概為蛇夫座、巨蛇座、天鷹座、武仙座、北冕座等天區。

太微垣　夏夜天頂西側諸星，大概為獅子座、后髮座、室女座、獵犬座等天區。

甚麼是四斗？

中國古人觀測星空，把幾個特殊星群分別稱為北斗、南斗、東斗和西斗。

北斗

指北方天空排列成斗形的七顆亮星，七顆星的名稱分別是天樞、天璇、天璣、天權、玉衡、開陽及搖光。根據北斗星可找到北極星，故又稱指極星。北斗七星在大熊座內。

南斗

指夏夜南方天空排列成扣斗形的六顆亮星，六顆亮星的古稱是令星、陰星、善星、福星、印星和將星。南斗六星在人馬座內。

東斗

指冬夜參宿的三顆亮星，俗稱三星，在獵戶座內。

西斗

指夏夜心宿的三顆亮星，在天蠍座內。

西方星座

西方的星座是指星空的某一區域及區域內的所有星體，而中國的星宿是指某一群星。中國的二十八星宿與西方的黃道十二星座的區域基本重合。

中國星宿與西方星座的區別

中國古人將天上的星星分成不同的星群，叫星宿。他們認為，太陽、月亮和五行在自西向東的運動中，要在天空的二十八個天區駐留，所以稱為二十八宿，每宿包含數個星宮。

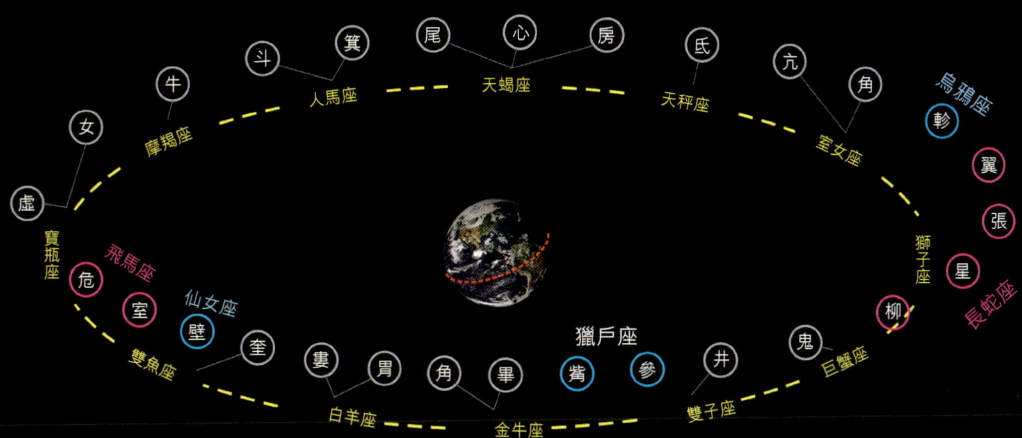

二十八宿的來源

中國古人發現月球在天上運行一圈大約需要 28 天，據此把黃道和白道經過的星空中的恆星劃分為二十八星組，月球每晚在其中的一個星組內「住宿」，便形成了二十八星宿體系，每個星宿又包含若干個星宮。因此，中國的二十八星宿是黃道和白道附近的星區，而西方十二星宮則是黃道上的星座。

甚麼是四象？

中國遠古星宿信仰中的青龍、白虎、朱雀和玄武，分別代表東、西、南、北四個方向上的群星，稱為四象。東宮青龍代表春，西宮白虎代表秋，南宮朱雀代表夏，北宮玄武代表冬。

東宮青龍

四象之一。青龍原代表中國古老神話中的東方之神，而東方七宿的角、亢、氐、房、心、尾、箕，其形像龍，東方屬木，色青，故稱青龍。

南宮朱雀

四象之一。朱雀原代表中國古代神話中的南方之神，而南方七宿的井、鬼、柳、星、張、翼、軫，其形像鳥，南方屬火，色赤，故稱朱雀。

西宮白虎

四象之一。白虎原代表中國古老神話中的西方之神，而西方七宿的奎、婁、胃、昴、畢、觜、參，其形像虎，西方屬金，色白，故稱白虎。

北宮玄武

四象之一。玄武原代表中國古老神話中的北方之神，而北方七宿的斗、牛、女、虛、危、室、壁，其形像龜，也稱龜蛇合體，因北方屬水，色玄（黑），故稱玄武。

甚麼是二十八宿？

二十八宿是指四象中東宮、南宮、西宮和北宮分別代表的二十八組星群。

東宮青龍代表的七宿為：角、亢、氐、房、心、尾、箕；
西宮白虎代表的七宿為：奎、婁、胃、昴、畢、觜、參；
南宮朱雀代表的七宿為：井、鬼、柳、星、張、翼、軫；
北宮玄武代表的七宿為：斗、牛、女、虛、危、室、壁。

甚麼是十二星宮？

在 88 個星座中，有 12 個星座是太陽「經過」的星座，被稱為黃道十二星宮。太陽進入某個星座，就是星座日期的開始，太陽走出這個星座，就是星座日期的結束。

黃道上只有 12 個星座嗎？

黃道上實際有 13 個星座，而且太陽經過這些星座的實際日期與傳統的十二星宮日期也不相同。

摩羯座　1 月 19 日—2 月 15 日
寶瓶座　2 月 16 日—3 月 11 日
雙魚座　3 月 12 日—4 月 18 日
白羊座　4 月 19 日—5 月 13 日
金牛座　5 月 14 日—6 月 19 日
雙子座　6 月 20 日—7 月 20 日
巨蟹座　7 月 21 日—8 月 9 日
獅子座　8 月 10 日—9 月 15 日
室女座　9 月 16 日—10 月 30 日
天秤座　10 月 31 日—11 月 22 日
天蠍座　11 月 23 日—11 月 29 日
蛇夫座　11 月 30 日—12 月 17 日
人馬座　12 月 18 日—1 月 18 日

* 上述星座名稱參照香港太空館網站「西方星座中英對照表」

二十八宿的生肖

中國二十八宿對應 28 種動物形象，圖中紅色為十二生肖。
黃色為黃道星宿，白色為非黃道星宿。

十二星宮想像圖

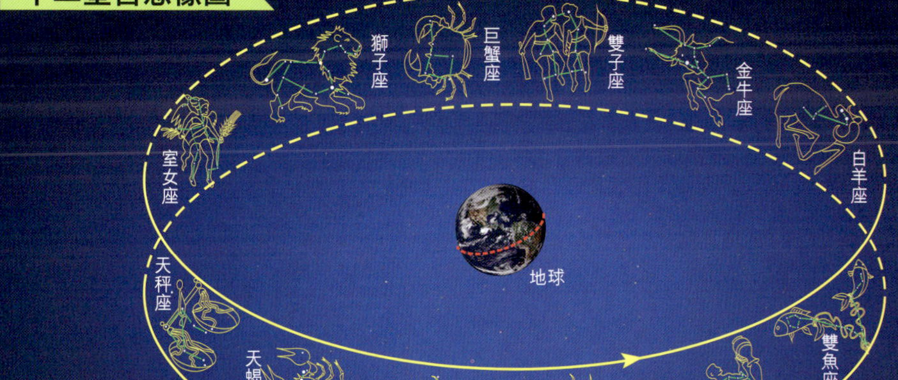

星宿的周年視運動

中國二十八星宿，是日、月、五行周年視運動「留宿」的星區。

危 虛 女 牛 斗 室 壁 奎 婁 胃 昴 畢 觜 參 井 鬼 柳 星 張 翼 軫 角 亢 氐 房 心 尾 箕

地球 太陽 地球公轉軌道 黃道及黃道附近

星宮的周年視運動

黃道十二星宮日期是太陽視運動進入星宮的日期，此時在地球上觀測不到該星宮，是由於該星宮正掩於太陽之後。

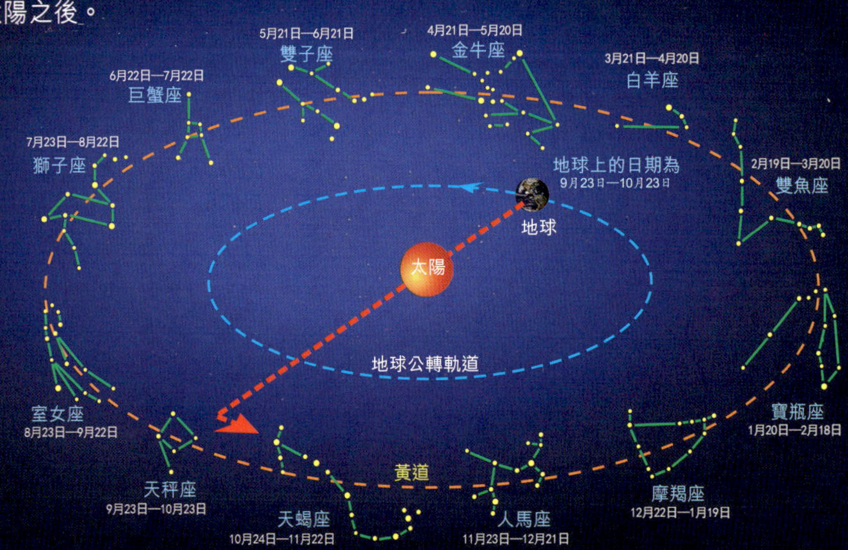

附錄一

全天 88 個星座（一）

拉丁語名稱	標準縮寫	中文名稱	面積排名	佔全天面積 /%	赤緯範圍（北~南）		赤經範圍（西~東）	
Andromeda	And	仙女座	19	1.751	+53°	+21°	$22^h 56^m$	$2^h 36^m$
Antlia	Ant	唧筒座	62	0.579	-24°	-40°	$9^h 25^m$	$11^h 03^m$
Apus	Aps	天燕座	67	0.500	-67°	-83°	$13^h 46^m$	$18^h 17^m$
Aquarius	Aqr	寶瓶座	10	2.375	+3°	-25°	$20^h 36^m$	$23^h 54^m$
Aquila	Aql	天鷹座	22	1.582	+19°	-12°	$18^h 38^m$	$20^h 36^m$
Ara	Ara	天壇座	63	0.575	-45°	-68°	$16^h 31^m$	$18^h 06^m$
Aries	Ari	白羊座	39	1.070	+31°	+10°	$1^h 44^m$	$3^h 27^m$
Auriga	Aur	御夫座	21	1.594	+56°	+28°	$4^h 35^m$	$7^h 27^m$
Bootes	Boo	牧夫座	13	2.198	+55°	+7°	$13^h 33^m$	$15^h 47^m$
Caelum	Cae	雕具座	81	0.303	-27°	-49°	$4^h 18^m$	$5^h 03^m$
Cameloparadlis	Cam	鹿豹座	18	1.835	+85°	+53°	$3^h 11^m$	$14^h 25^m$
Cancer	Cnc	巨蟹座	31	1.226	+33°	+7°	$7^h 53^m$	$9^h 19^m$
Canes Venatici	CVn	獵犬座	38	1.128	+53°	+28°	$12^h 04^m$	$14^h 25^m$
Canis Major	CMa	大犬座	43	0.921	-11°	-33°	$6^h 09^m$	$7^h 26^m$
Canis Minor	CMi	小犬座	71	0.445	+13°	0°	$7^h 04^m$	$8^h 09^m$
Capricornus	Cap	摩羯座	40	1.003	-8°	-28°	$20^h 04^m$	$21^h 57^m$
Carina	Car	船底座	34	1.198	-51°	-75°	$6^h 02^m$	$11^h 18^m$
Cassiopeia	Cas	仙后座	25	1.451	+78°	+46°	$22^h 56^m$	$3^h 36^m$
Centaurus	Cen	半人馬座	9	2.571	-30°	-65°	$11^h 03^m$	$14^h 59^m$
Cepheus	Cep	仙王座	27	1.425	+89°	+51°	$20^h 01^m$	$8^h 30^m$
Cetus	Cet	鯨魚座	4	2.985	+10°	-25°	$23^h 55^m$	$3^h 21^m$
Chamaeleon	Cha	蝘蜓座	79	0.319	-75°	-83°	$7^h 32^m$	$13^h 48^m$
Circinus	Cir	圓規座	85	0.226	-54°	-70°	$13^h 35^m$	$15^h 26^m$
Columba	Col	天鴿座	54	0.655	-27°	-43°	$5^h 03^m$	$6^h 28^m$
Coma Berenices	Com	后髮座	42	0.937	+34°	+13°	$11^h 57^m$	$13^h 33^m$
Corona Austrina	CrA	南冕座	80	0.310	-37°	-46°	$17^h 55^m$	$19^h 15^m$
Corona Borealis	CrB	北冕座	73	0.433	+40°	+26°	$15^h 14^m$	$16^h 22^m$
Corvus	Crv	烏鴉座	70	0.446	-11°	-25°	$11^h 54^m$	$12^h 54^m$
Crater	Crt	巨爵座	53	0.685	-6°	-25°	$10^h 48^m$	$11^h 54^m$

全天 88 個星座（二）

拉丁語名稱	標準縮寫	中文名稱	面積排名	佔全天面積 /%	赤緯範圍（北~南）		赤經範圍（西~東）	
Crux	Cru	南十字座	88	0.166	-55°	-65°	$11^h 53^m$	$12^h 55^m$
Cygnus	Cyg	天鵝座	16	1.949	$+61^\circ$	$+28^\circ$	$19^h 07^m$	$22^h 01^m$
Delphinus	Del	海豚座	69	0.457	$+21^\circ$	$+2^\circ$	$20^h 13^m$	$21^h 06^m$
Dorado	Dor	劍魚座	72	0.434	-49°	-70°	$3^h 52^m$	$6^h 36^m$
Draco	Dra	天龍座	8	2.625	$+86^\circ$	$+48^\circ$	$9^h 18^m$	$21^h 00^m$
Equuleus	Equ	小馬座	87	0.174	$+13^\circ$	$+2^\circ$	$20^h 54^m$	$21^h 23^m$
Eridanus	Eri	波江座	6	2.758	0°	-58°	$1^h 22^m$	$5^h 09^m$
Fornax	For	天爐座	41	0.964	-24°	-40°	$1^h 44^m$	$3^h 48^m$
Gemini	Gem	雙子座	30	1.245	$+35^\circ$	$+10^\circ$	$5^h 57^m$	$8^h 06^m$
Grus	Gru	天鶴座	45	0.886	-37°	-57°	$21^h 25^m$	$23^h 25^m$
Hercules	Her	武仙座	5	2.970	$+51^\circ$	$+4^\circ$	$15^h 47^m$	$18^h 56^m$
Horologium	Hor	時鐘座	58	0.603	-40°	-67°	$2^h 12^m$	$4^h 18^m$
Hydra	Hya	長蛇座	1	3.158	$+7^\circ$	-35°	$8^h 08^m$	$14^h 58^m$
Hydrus	Hyi	水蛇座	61	0.589	-58°	-82°	$0^h 02^m$	$4^h 33^m$
Indus	Ind	印第安座	49	0.713	-45°	-75°	$20^h 25^m$	$23^h 25^m$
Lacerta	Lac	蝎虎座	68	0.487	$+57^\circ$	$+35^\circ$	$21^h 55^m$	$22^h 56^m$
Leo	Leo	獅子座	12	2.296	$+33^\circ$	-6°	$9^h 18^m$	$11^h 56^m$
Leo Minor	LMi	小獅座	64	0.562	$+42^\circ$	$+23^\circ$	$4^h 54^m$	$11^h 04^m$
Lepus	Lep	天兔座	51	0.704	-11°	-27°	$4^h 54^m$	$6^h 09^m$
Libra	Lib	天秤座	29	1.304	0°	-30°	$14^h 18^m$	$15^h 59^m$
Lupus	Lup	豺狼座	46	0.809	-30°	-55°	$14^h 13^m$	$16^h 05^m$
Lynx	Lyn	天貓座	28	1.322	$+62^\circ$	$+33^\circ$	$6^h 13^m$	$9^h 40^m$
Lyra	Lyr	天琴座	52	0.694	$+48^\circ$	$+25^\circ$	$18^h 12^m$	$19^h 26^m$
Mensa	Men	山案座	75	0.372	-70°	-85°	$3^h 20^m$	$7^h 37^m$
Microscopium	Mic	顯微鏡座	66	0.508	-28°	-45°	$20^h 25^m$	$21^h 25^m$
Monoceros	Mon	麒麟座	35	1.167	$+12^\circ$	-11°	$5^h 54^m$	$8^h 08^m$
Musca	Mus	蒼蠅座	77	0.335	-64°	-75°	$11^h 17^m$	$13^h 46^m$
Norma	Nor	矩尺座	74	0.401	-42°	-60°	$15^h 25^m$	$16^h 31^m$
Octans	Oct	南極座	50	0.706	-75°	-90°	0^h	24^h
Ophiuchus	Oph	蛇夫座	11	2.299	$+14^\circ$	-30°	$15^h 18^m$	$18^h 42^m$

全天 88 個星座（三）

拉丁語名稱	標準縮寫	中文名稱	面積排名	佔全天面積 /%	赤緯範圍（北~南）		赤經範圍（西~東）	
Orion	Ori	獵戶座	26	1.440	+23°	-11°	$4^h 41^m$	$6^h 23^m$
Pavo	Pav	孔雀座	44	0.916	-57°	-75°	$17^h 37^m$	$31^h 30^m$
Pegasus	Peg	飛馬座	7	2.717	+36°	+2°	$21^h 06^m$	$0^h 13^m$
Perseus	Per	英仙座	24	1.491	+59°	+31°	$1^h 26^m$	$4^h 46^m$
Phoenix	Phe	鳳凰座	37	1.138	-40°	-58°	$23^h 24^m$	$2^h 24^m$
Pictor	Pic	繪架座	59	0.598	-43°	-64°	$4^h 32^m$	$6^h 51^m$
Pisces	Psc	雙魚座	14	2.156	+33°	-7°	$22^h 49^m$	$2^h 04^m$
Piscis Austrinus	PsA	南魚座	60	0.595	-25°	-37°	$21^h 25^m$	$23^h 04^m$
Puppis	Pup	船尾座	20	1.633	-11°	-51°	$6^h 02^m$	$8^h 26^m$
Pyxis	Pyx	羅盤座	65	0.535	-17°	-37°	$8^h 26^m$	$9^h 26^m$
Reticulum	Ret	網罟座	82	0.276	-53°	-67°	$3^h 14^m$	$4^h 35^m$
Sagitta	Sge	天箭座	86	0.194	+21°	+16°	$18^h 56^m$	$20^h 18^m$
Sagittarius	Sgr	人馬座	15	2.103	-12°	-45°	$17^h 41^m$	$20^h 25^m$
Scorpius	Sco	天蝎座	33	1.204	-8°	-46°	$15^h 44^m$	$17^h 55^m$
Sculptor	Scl	玉夫座	36	1.151	-25°	-40°	$23^h 04^m$	$1^h 44^m$
Scutum	Sct	盾牌座	84	0.265	-4°	-16°	$18^h 18^m$	$18^h 56^m$
Serpens	Ser	巨蛇座	23	1.544	+26°	-16°	$14^h 55^m$	$18^h 56^m$
Sextans	Sex	六分儀座	47	0.760	+7°	-11°	$9^h 39^m$	$10^h 49^m$
Taurus	Tau	金牛座	17	1.933	+31°	0°	$3^h 20^m$	$5^h 58^m$
Telescopium	Tel	望遠鏡座	57	0.610	-45°	-57°	$18^h 06^m$	$20^h 26^m$
Triangulum	Tri	三角座	78	0.320	+37°	+25°	$1^h 29^m$	$2^h 48^m$
Triangulum Australe	TrA	南三角座	83	0.276	-60°	-70°	$14^h 50^m$	$17^h 09^m$
Tucana	Tuc	杜鵑座	48	0.714	-57°	-76°	$22^h 05^m$	$1^h 22^m$
Ursa Major	UMa	大熊座	3	3.102	+73°	+29°	$8^h 05^m$	$14^h 27^m$
Ursa Minor	UMi	小熊座	56	0.620	+90°	+65°	0^h	24^h
Vela	Vel	船帆座	32	1.211	-37°	-57°	$8^h 02^m$	$11^h 24^m$
Virgo	Vir	室女座	2	3.138	+14°	-22°	$11^h 35^m$	$15^h 08^m$
Volans	Vol	飛魚座	76	0.343	-64°	-75°	$6^h 35^m$	$9^h 02^m$
Vulpecula	Vul	狐狸座	55	0.650	+29°	+19°	$18^h 56^m$	$21^h 28^m$

梅西耶星團星雲圖

M1 金牛座蟹狀星雲
M2 寶瓶座球狀星團
M3 獵犬座球狀星團
M4 天蠍座球狀星團
M5 巨蛇座球狀星團
M6 天蠍座疏散星團
M7 天蠍座疏散星團
M8 人馬座礁湖星
M9 蛇夫座球狀星團
M10 蛇夫座球狀星團
M11 盾牌座疏散星團
M12 蛇夫座球狀星團
M13 武仙座球狀星團
M14 蛇夫座球狀星團
M15 飛馬座球狀星團
M16 巨蛇座鷹星
M17 人馬座奧米伽星雲
M18 人馬座疏散星團
M19 蛇夫座疏散星團
M20 人馬座三裂星雲
M21 人馬座疏散星團
M22 人馬座球狀星團
M23 人馬座疏散星團
M24 人馬座恆星
M25 人馬座疏散星團
M26 盾牌座疏散星團
M27 狐狸座啞鈴星雲
M28 人馬座球狀星團
M29 天鵝座疏散星團
M30 摩羯座球狀星團
M31 仙女座星系
M32 仙女座矮橢圓星
M33 三角座星系
M34 英仙座疏散星團
M35 雙子座疏散星團
M36 御夫座疏散星團
M37 御夫座疏散星團
M38 御夫座疏散星團
M39 天鵝座疏散星團
M40 大熊座雙星
M41 大犬座疏散星團
M42 獵戶座星雲
M43 獵戶座發射星雲
M44 巨蟹座疏散星團
M45 金牛座昴星團
M46 船尾座疏散星團
M47 船尾座疏散星團
M48 長蛇座疏散星
M49 室女座橢圓星系
M50 麒麟座疏散星團
M51 獵犬座螺旋星系
M52 仙后座疏散星團
M53 后髮座球狀星團
M54 人馬座球狀星團
M55 人馬座球狀星團

M56 琴座球狀星團
M57 天琴座環狀星雲
M58 室女座棒旋星系
M59 室女座橢圓星系
M60 室女座橢圓星系
M61 室女座螺旋星系
M62 蛇夫座球狀星團
M63 獵犬座螺旋星系

M64 髮座螺旋星系
M65 獅子座螺旋星系
M66 獅子座螺旋星系
M67 巨蟹座疏散星團
M68 長蛇座球狀星團
M69 人馬座球狀星團
M70 人馬座球狀星團
M71 天箭座球狀星團

M72 瓶座球狀星團
M73 寶瓶座星群
M74 雙魚座螺旋星系
M75 人馬座球狀星團
M76 英仙座行星狀星雲
M77 鯨魚座棒旋星系
M78 獵戶座反射星雲
M79 天兔座球狀星團

M80 蝎座球狀星團
M81 大熊座螺旋星系
M82 大熊座星暴星系
M83 長蛇座棒旋星系
M84 室女座透鏡星系
M85 后髮座透鏡狀星系
M86 室女座透鏡狀星系
M87 室女座橢圓星系

M88 髮座螺旋星系
M89 室女座橢圓星系
M90 室女座螺旋星系
M91 后髮座棒旋星系
M92 武仙座球狀星團
M93 船尾座疏散星團
M94 獵犬座螺旋星系
M95 獅子座棒旋星系

M96 子座螺旋星系
M97 大熊座行星狀星雲
M98 后髮座螺旋星系
M99 后髮座螺旋星系
M100 后髮座螺旋星系
M101 大熊座螺旋星系
M102 天龍座透鏡狀星系
M103 仙后座疏散星團

M104 女座螺旋星系
M105 獅子座橢圓星系
M106 獵犬座螺旋星系
M107 蛇夫座球狀星團
M108 大熊座螺旋星系
M109 大熊座棒旋星系
M110 仙女座矮橢圓星系

梅西耶（M）與NGC天體編號對照

M	NGC	M	NGC	M	NGC	M	NGC	M	NGC
1	1952	23	6494	45	—	67	2682	89	4552
2	7089	24	IC4715	46	2437	68	4590	90	4569
3	5272	25	IC4725	47	2422	69	6637	91	4548
4	6121	26	6694	48	2548	70	6681	92	6341
5	5904	27	6853	49	4472	71	6838	93	2447
6	6405	28	6626	50	2323	72	6981	94	4736
7	6475	29	6913	51	5194	73	6994	95	3351
8	6523	30	7099	52	7654	74	628	96	3368
9	6333	31	224	53	5024	75	6864	97	3587
10	6254	32	221	54	6715	76	651	98	4192
11	6705	33	598	55	6809	77	1068	99	4254
12	6218	34	1039	56	6779	78	2068	100	4321
13	6205	35	2168	57	6720	79	1904	101	5457
14	6402	36	1960	58	4579	80	6093	102	5866
15	7078	37	2099	59	4621	81	3031	103	581
16	6611	38	1912	60	4649	82	3034	104	4594
17	6618	39	7092	61	4303	83	5236	105	3379
18	6613	40	—	62	6266	84	4374	106	4258
19	6273	41	2287	63	5055	85	4382	107	6171
20	6514	42	1976	64	4826	86	4406	108	3556
21	6531	43	1982	65	3623	87	4486	109	3992
22	6656	44	2632	66	3627	88	4501	110	205

八大行星的主要數據

項目	水星	金星	地球	火星	木星	土星	天王星	海王星
體積（地球為 1）	0.056	0.866	1	0.151	1 321	763.59	63.09	57.74
質量（地球為 1）	0.055	0.815	1	0.107	317.8	95.16	14.54	17.15
質量比重 /（克 · 厘米 $^{-3}$）	5.43	5.24	5.52	3.93	1.33	0.69	1.27	1.64
公轉周期（地球時間）	88 天	225 天	365 天	687 天	11.86 年	29.46 年	84.01 年	164.82 年
公轉速度 /（千米 · 秒 $^{-1}$）	47.362	35.02	29.78	24.08	13.07	9.69	6.80	5.43
自轉周期（地球時間）	59.64 天	243.02 天	24 小時	24 小時 37 分鐘	9 小時 50 分鐘	10 小時 14 分鐘	17 小時 14 分鐘	16 小時 06 分鐘
自轉速度 /（米 · 秒 $^{-1}$）	3.026	1.81	465.11	241.17	12,600	9,870	2,590	2,680
赤道傾角	0°	177°	23.5°	25°	3°	27°	98°	28.3°
赤道半徑 / 千米	2,439	6,052	6,378	3,397	71,492	60,268	25,559	24,764
軌道傾角	7.01°	3.39°	0°	1.85°	1.31°	2.49°	0.77°	1.77°
軌道半長軸 / 天文單位	0.387 1	0.723 3	1	1.523 7	5.202 6	9.554 9	19.218 4	30.110 4
提丟斯 - 波德定律	0.4	0.7	1.0	1.6	5.2	10.0	19.6	38.8
軌道離心率	0.205 6	0.006 8	0.016 7	0.093 4	0.048 3	0.055 6	0.046 4	0.009 5
近點幅角	29.1°	54.88°	—	286.5°	273.87°	339.39°	96.99°	276.34°
升交點黃經	48.33°	76.68°	—	49.56°	100.46°	113.66°	74.01°	131.78°

百年火星衝日時間

發生年月日	發生年月日	發生年月日	發生年月日	發生年月日	發生年月日
2016 年 5 月 22 日	2031 年 5 月 4 日	2046 年 4 月 17 日	2061 年 4 月 2 日	2076 年 3 月 19 日	2091 年 3 月 6 日
2018 年 7 月 27 日	2033 年 6 月 28 日	2048 年 6 月 3 日	2063 年 5 月 14 日	2078 年 4 月 27 日	2093 年 4 月 11 日
2020 年 10 月 13 日	2035 年 9 月 15 日	2050 年 8 月 14 日	2065 年 7 月 13 日	2080 年 6 月 16 日	2095 年 5 月 26 日
2022 年 12 月 8 日	2037 年 11 月 19 日	2052 年 10 月 28 日	2067 年 10 月 2 日	2082 年 9 月 1 日	2097 年 7 月 31 日
2025 年 1 月 16 日	2040 年 1 月 2 日	2054 年 12 月 17 日	2069 年 11 月 30 日	2084 年 11 月 10 日	2099 年 10 月 18 日
2027 年 2 月 19 日	2042 年 2 月 6 日	2057 年 1 月 24 日	2072 年 1 月 11 日	2086 年 12 月 27 日	
2029 年 3 月 25 日	2044 年 3 月 11 日	2059 年 2 月 27 日	2074 年 2 月 14 日	2089 年 1 月 31 日	

10 次水星凌日時間

發生時間	初虧時間	持續時間	初虧方位角	復圓方位角	發生時間	初虧時間	持續時間	初虧方位角	復圓方位角
2006 年 11 月 8 日	21：42	4 小時 58 分鐘	141°	269°	2049 年 5 月 7 日	14：31	6 小時 42 分鐘	31°	276°
2016 年 5 月 8 日	15：00	7 小時 30 分鐘	83°	224°	2052 年 11 月 9 日	02：31	5 小時 12 分鐘	134°	275°
2019 年 11 月 11 日	15：22	5 小時 31 分鐘	110°	299°	2062 年 5 月 10 日	21：41	6 小時 41 分鐘	97°	211°
2032 年 11 月 13 日	08：58	4 小時 28 分鐘	77°	330°	2065 年 11 月 11 日	20：10	5 小時 24 分鐘	103°	305°
2039 年 11 月 7 日	08：48	2 小時 57 分鐘	174°	237°	2078 年 11 月 14 日	13：45	2 小時 57 分鐘	69°	337°

行星的視直徑和亮度

行星名稱	最大視直徑	最小視直徑	最大視星等	最小視星等
水星	10"	4.9"	-2.6	+0.4
金星	64"	10"	-4.4	-3.3
火星	25.16"	3.5"	-2.9	-1
木星	50.11"	30.48"	-2.9	-2.0
土星	20.75"	18.44"	-0.3	+0.9
天王星	3.96"	3.60"	+5.65	+6.06
海王星	2.52"	2.49"	+7.66	+7.70
冥王星	0.11"	0.065"	+13.6	+15.95

太陽周年視運動中經過的星座及時間

星座名稱	星座傳統日期	星座名稱	星座實際日期
寶瓶座	1 月 20 日 - 2 月 18 日	寶瓶座	2 月 16 日 - 3 月 11 日
雙魚座	2 月 19 日 - 3 月 20 日	雙魚座	3 月 12 日 - 4 月 18 日
白羊座	3 月 21 日 - 4 月 19 日	白羊座	4 月 19 日 - 5 月 13 日
金牛座	4 月 20 日 - 5 月 20 日	金牛座	5 月 14 日 - 6 月 19 日
雙子座	5 月 21 日 - 6 月 21 日	雙子座	6 月 20 日 - 7 月 20 日
巨蟹座	6 月 22 日 - 7 月 22 日	巨蟹座	7 月 21 日 - 8 月 9 日
獅子座	7 月 23 日 - 8 月 22 日	獅子座	8 月 10 日 - 9 月 15 日
室女座	8 月 23 日 - 9 月 22 日	室女座	9 月 16 日 - 10 月 30 日
天秤座	9 月 23 日 - 10 月 23 日	天秤座	10 月 31 日 - 11 月 22 日
天蠍座	10 月 24 日 - 11 月 21 日	天蠍座	11 月 23 日 - 11 月 29 日
		蛇夫座	11 月 30 日 - 12 月 17 日
人馬座	11 月 22 日 - 12 月 21 日	人馬座	12 月 18 日 - 1 月 18 日
摩羯座	12 月 22 日 - 1 月 19 日	摩羯座	1 月 19 日 - 2 月 15 日

希臘字母讀音對照

大寫	小寫	讀音	漢語標音
Α	α	Alpha	阿爾法
Β	β	Beta	貝塔
Γ	γ	Gamma	伽瑪
Δ	δ	Delta	德耳塔
Ε	ε	Epsilon	艾普西隆
Ζ	ζ	Zeta	澤塔
Η	η	Eta	伊塔
Θ	θ	Theta	西塔
Ι	ι	Iota	約塔
Κ	κ	Kappa	卡帕
Λ	λ	Lambda	拉姆達
Μ	μ	Mu	謬
Ν	ν	Nu	紐
Ξ	ξ	Xi	克希
Ο	ο	Omicron	奧密克戎
Π	π	Pi	派
Ρ	ρ	Rho	柔
Σ	σ	Sigma	西格瑪
Τ	τ	Tau	套
Υ	υ	Upsilon	宇普西隆
Φ	φ	Phi	夫艾
Χ	χ	Chi	西
Ψ	ψ	Psi	普西
Ω	ω	Omega	歐米伽

中國古代星辰位次等對應情況

三垣	紫微垣（北天極區諸星） 太微垣（夏夜天頂西側諸星） 天市垣（夏夜天頂東側諸星）
四象	玄武 白虎 朱雀 蒼龍
顏色	黑色 白色 紅色 青色
方位	北 西北 西 西南 南 東南 東 東北
四季	春 夏 秋 冬
五行	木 金 土 日 月 火 水 木 金 土 日 月 火 水 木 金 土 日 月 火 水 木 金 土 日 月 火 水
八卦	坎 乾 兌 坤 離 巽 震 艮
二十八宿	斗 牛 女 虛 危 室 壁 奎 婁 胃 昴 畢 觜 參 井 鬼 柳 星 張 翼 軫 角 亢 氐 房 心 尾 箕
九野	東北變天 北方玄天 西北幽天 西方顥天 西南朱天 南方炎天 東南陽天 中央鈞天 東方蒼天
二十八生	獬 牛 蝠 鼠 燕 豬 貐 狼 狗 雉 雞 烏 猴 猿 犴 羊 獐 馬 鹿 蛇 蚓 蛟 龍 狢 兔 狐 虎 豹
十二辰	丑 子 亥 戌 酉 申 未 午 巳 辰 卯 寅
十二肖	牛 鼠 豬 狗 雞 猴 羊 馬 蛇 龍 兔 虎
十二次	星紀 玄枵 娵訾 降婁 大樑 實沈 鶉首 鶉火 鶉尾 壽星 大火 析木
分野	吳越 齊 衞 魯 趙 魏 秦 周 楚 鄭 宋 燕
	揚州 青州 并州 徐州 冀州 益州 雍州 三河 荊州 兗州 豫州 幽州
二十四節氣	冬至 小寒 大寒 立春 雨水 驚蟄 春分 清明 穀雨 立夏 小滿 芒種 夏至 小暑 大暑 立秋 處暑 白露 秋分 寒露 霜降 立冬 小雪 大雪
十二星宮	人馬座 摩羯座 寶瓶座 雙魚座 白羊座 金牛座 雙子座 巨蟹座 獅子座 室女座 天秤座 天蝎座

全天 88 個星座名稱的來源

克羅狄斯．托勒密命名的星座	
北天 21 個	小熊 大熊 天龍 仙王 牧夫 北冕 武仙 天琴 天鵝 仙后 英仙 御夫 蛇夫 巨蛇 天箭 天鷹 海豚 小馬 仙女 三角 飛馬
黃道 12 個	白羊 金牛 雙子 巨蟹 獅子 室女 天秤 天蝎 人馬 摩羯 寶瓶 雙魚
南天 15 個	鯨魚 獵戶 波江 天兔 大犬 小犬 南船 長蛇 巨爵 烏鴉 豺狼 天壇 南冕 南魚 半人馬

克羅狄斯．托勒密以後增設命名的星座	
亞美利哥．維斯普奇於 1503 年增設命名的 2 個	南十字 南三角
傑拉杜斯．墨卡托於 1551 年增設命名的 1 個	后髮
彼德勒斯．普朗修斯於 1592 和 1613 年增設命名的 3 個	鹿豹 天鴿 麒麟
約翰．赫維留於 1687 年增設命名的 7 個	獵犬 天貓 蝎虎 小獅 狐狸 盾牌 六分儀
尼古拉．路易．德．拉卡伊於 1756 年增設命名的 17 個	唧筒 圓規 山案 南極 羅盤 雕具 天爐 繪架 網罟 船帆 船底 時鐘 矩尺 船尾 玉夫 望遠鏡 顯微鏡
彼得．德克．凱澤和弗雷德里克．德．豪特曼於 1796 年增設命名的 11 個	天燕 天鶴 蒼蠅 杜鵑 蝘蜓 水蛇 孔雀 飛魚 劍魚 鳳凰 印第安

已編號的周期彗星節錄 *

編號/ 名稱（按軌道周期排序）	譯名	軌道周期 / 年	發現年份	上次近日點年份	下次近日點年份
2P/Encke	恩克	3.30	1786	2023	2027
107P/Wilson-Harrington	威爾遜 - 哈靈頓	4.25	1949	2022	2026
45P/Honda–Mrkos–Pajdušáková	本田 - 姆爾科斯 - 帕伊杜莎科娃	5.26	1948	2022	2027
79P/du Toit-Hartley	杜圖瓦 - 哈特雷	5.28	1945	2023	2028
96P/Machholz	梅克賀茲 I	5.29	1986	2023	2028
26P/Grigg–Skjellerup	葛里格 - 斯傑勒魯普	5.30	1902	2023	2029
10P/Tempel	坦普爾 II	5.37	1873	2021	2026
41P/Tuttle–Giacobini–Kresák	塔特爾 - 賈可比尼 - 克雷薩克	5.42	1858	2022	2028
25D/Neujmin	諾伊明 II	5.43	1916	1927	-
73P/Schwassmann–Wachmann	施瓦斯曼 - 瓦赫曼 III	5.44	1930	2022	2027
46P/Wirtanen	維爾塔寧	5.44	1948	2024	2029
5D/Brorsen	布羅森	5.46	1846	1879	-
9P/Tempel	坦普爾 I	5.58	1867	2022	2028
71P/Clark	克拉克	5.56	1973	2023	2028
104P/Kowal	科瓦爾 II	5.74	1979	2022	2027
11P/Tempel–Swift–LINEAR	坦普爾 - 斯威夫特 - 林尼爾	5.96	1869	2020	2026
83D/Russell	羅素 I	6.10	1979	1985	-
43P/Wolf-Harrington	沃夫 - 哈靈頓	6.13	1924	2016	2025
157P/Tritton	特裏頓	6.17	1978	2022	2028
16P/Brooks	布魯克斯 II	6.20	1889	2021	2028
7P/Pons–Winnecke	龐士 - 溫尼克	6.32	1819	2021	2027
100P/Hartley	哈特雷 I	6.35	1985	2022	2028
62P/Tsuchinshan	紫金山 I	6.37	1965	2023	2030
87P/Bus	巴斯	6.38	1981	2020	2029
22P/Kopff	卡普夫	6.39	1906	2022	2028
81P/Wild	威爾德 II	6.41	1978	2022	2029
57P/du Toit-Neujmin-Delporte	杜圖瓦 - 諾伊明 - 德爾波特	6.41	1941	2021	2028
37P/Forbes	福布斯	6.42	1929	2024	2031
67P/Churyumov–Gerasimenko	丘留莫夫 - 格拉西緬科	6.44	1969	2021	2028
76P/West-Kohoutek-Ikemura	威斯特 - 科胡特克 - 池村	6.47	1975	2019	2026
15P/Finlay	芬利	6.52	1886	2021	2028
6P/ d'Arrest	德亞瑞司特	6.54	1851	2021	2028
21P/Giacobini–Zinner	賈可比尼 - 秦諾	6.55	1900	2018	2025
94P/Russell	羅素 IV	6.58	1984	2023	2029
60P/Tsuchinshan	紫金山 II	6.58	1965	2018	2025
3D/Biela	比拉	6.65	1772	1852	-
75D/Kohoutek	科胡特克	6.67	1975	1988	-

（* 編按：資料參考自 Minor Planet Center 網站，與簡體版原文略有出入。）

編號/ 名稱（按軌道周期排序）	譯名	軌道周期 / 年	發現年份	上次近日點年份	下次近日點年份
18D/Perrine-Mrkos	珀賴因 - 姆爾科斯	6.72	1896	1969	-
49P/Arend-Rigaux	阿朗 — 里戈	6.72	1950	2018	2025
19P/Borrelly	包瑞立	6.85	1904	2022	2028
86P/Wild	威爾德 III	6.85	1980	2022	2029
77P/Longmore	隆莫	6.87	1975	2023	2030
17P/Holmes	霍姆斯	6.91	1892	2021	2028
108P/Ciffréo	西弗里奧	6.95	1985	2021	2028
84P/Giclas	吉克拉斯	6.95	1978	2020	2027
48P/Johnson	詹森	6.96	1949	2018	2025
70P/Kojima	小島	7.04	1970	2021	2028
61P/Shajn-Schaldach	沙因 - 沙爾達克	7.06	1949	2022	2029
113P/Spitaler	史匹塔勒	7.06	1890	2022	2029
44P/Reinmuth	雷睦斯 II	7.09	1947	2022	2029
78P/Gehrels	蓋勒爾斯 II	7.22	1973	2019	2026
89P/Russell	羅素 II	7.26	1980	2024	2031
106P/Schuster	舒斯特	7.27	1977	2021	2028
30P/Reinmuth	雷睦斯 I	7.33	1928	2024	2032
54P/de Vico-Swift-NEAT	德威科 - 斯威夫特 - 尼特	7.38	1844	2024	2032
4P/Faye	法葉	7.40	1843	2021	2029
98P/Takamizawa	高見澤	7.42	1984	2021	2028
52P/Harrington-Abell	哈靈頓 - 阿貝爾	7.58	1955	2021	2029
91P/Russell	羅素 III	7.67	1983	2020	2028
69P/Taylor	泰勒	7.67	1916	2019	2026
80P/Peters-Hartley	彼得斯 - 哈特雷	8.07	1846	2022	2030
33P/Daniel	丹尼爾	8.09	1909	2024	2032
58P/Jackson-Neujmin	傑克遜 - 諾伊明	8.25	1936	2020	2028
24P/Schaumasse	蕭馬斯	8.26	1911	2017	2026
50P/Arend	阿朗	8.27	1951	2024	2032
47P/Ashbrook–Jackson	阿什布魯克 - 傑克遜	8.34	1948	2017	2025
82P/Gehrels	蓋勒爾斯 III	8.41	1977	2018	2026
36P/Whipple	惠普	8.50	1933	2020	2028
74P/Smirnova-Chernykh	斯米爾諾娃 - 切爾尼赫	8.50	1975	2018	2034
14P/Wolf	沃夫	8.75	1884	2017	2026

編號/ 名稱（按軌道周期排序）	譯名	軌道周期 / 年	發現年份	上次近日點年份	下次近日點年份
72P/Denning–Fujikawa	丹寧 - 藤川	9.04	1881	2023	2032
93P/Lovas	洛瓦斯 I	9.20	1980	2017	2026
64P/Swift-Gehrels	斯威夫特 - 蓋勒爾斯	9.41	1889	2009	2028
59P/Kearns-Kwee	基恩斯 - 克維	9.52	1963	2018	2028
32P/Comas Solá	科馬斯 - 索拉	9.56	1926	2024	2034
139P/Väisälä–Oterma	維薩拉 - 奧特瑪	9.62	1939	2017	2027
97P/Metcalf-Brewington	梅特卡夫 - 布魯英頓	10.52	1906	2022	2032
42P/Neujmin	諾伊明 III	10.77	1929	2015	2026
68P/Klemola	克萊默拉	10.84	1965	2019	2030
40P/Väisälä	維薩拉 I	10.98	1939	2014	2025
34D/Gale	蓋爾	11.01	1927	1938	-
56P/Slaughter-Burnham	斯洛特爾 - 伯納姆	11.47	1958	2016	2027
85D/Boethin	波辛	11.81	1975	1986	-
92P/Sanguin	桑吉恩	12.40	1977	2015	2027
53P/Van Biesbroeck	范・比斯布魯克	12.56	1954	2016	2028
63P/Wild	威爾德 I	13.21	1960	2013	2026
8P/Tuttle	塔特爾	13.61	1790	2021	2035
101P/Chernykh	切爾尼赫	13.90	1977	2020	2034
66P/du Toit	杜圖瓦	14.78	1944	2018	2033
29P/Schwassmann-Wachmann	施瓦斯曼 - 瓦赫曼 I	14.87	1927	2019	2035
90P/Gehrels	蓋勒爾斯 I	14.95	1973	2017	2032
99P/Kowal	科瓦爾 I	15.20	1977	2022	2037
28P/Neujmin	諾伊明 I	18.45	1913	2021	2039
39P/Oterma	奧特瑪	20.13	1942	2023	2042
27P/Crommelin	克羅瑪林	27.42	1818	2011	2039
55P/Tempel-Tuttle	坦普爾 - 塔特爾	33.24	1865	1998	2031
38P/Stephan–Oterma	史蒂芬 - 奧特瑪	37.93	1867	2018	2056
95P/Chiron	開朗	50.78	1977	1996	2046
20D/Westphal	韋士伐	61.87	1852	-	-
13P/Olbers	奧伯斯	68.70	1815	2024	2093
23P/Brorsen-Metcalf	布羅森 - 梅特卡夫	70.52	1847	1989	2059
12P/Pons-Brooks	龐士 - 布魯克斯	71.20	1812	2024	2095
122P/de Vico	德維科	74.35	1846	1995	2069
1P/Halley	哈雷	75.91	466 BC	1986	2061
109P/Swift–Tuttle	斯威夫特 - 塔特爾	133.28	1862	1992	2126
35P/Herschel-Rigollet	赫歇爾 - 利哥萊	155.11	1788	1939	2092

附錄二：星座觀測資訊

最佳觀測月份　指星座上中天前後的時間段。最適合在午夜前後觀測，其他時間段也可觀測到。

目測大小　指星座在星空中的大約寬度和深度，用量天手所代表的大約經度和緯度來表示。

可見地點　指星座能夠被觀測到的最北和最南界限範圍。若觀測者不在這個範圍內，則觀測不到這個星座。

星座面積　指星座在星空中的面積大小，用平方度表示。

星座位置　指星座大約的赤經度和赤緯度位置，方便快速定位星座。

星座美圖　指西方星座所對應的想像圖。

星座名稱	大犬座	雙子座	麒麟座	船尾座	小犬座
英文全稱	Canis Major	Gemini	Monoceros	Puppis	Canis Minor
英文縮寫	CMa	Gem	Mon	Pup	CMi
上中天日期	1 月 2 日	1 月 5 日	1 月 5 日	1 月 8 日	1 月 14 日
最佳觀測月份	1—2 月	1—2 月	1—2 月	1—2 月	1—3 月
可見地點	北緯 57°~南緯 90°	北緯 90°~南緯 55°	北緯 79°~南緯 78°	北緯 39°~南緯 90°	北緯 90°~南緯 77°
星座位置	南天（7^h，-20°）	黃道（7^h，+20°）	南天（7^h，-5°）	南天（7.5^h，-35°）	北天（7.5^h，+5°）
目測大小					
星座面積	380 平方度	514 平方度	482 平方度	673 平方度	183 平方度
面積排名	第 43 位	第 30 位	第 35 位	第 20 位	第 71 位
星座美圖					
主要恆星數量	8 顆	8 顆	4 顆	9 顆	2 顆
拜耳 / 佛氏恆星數量	32 顆	80 顆	32 顆	76 顆	14 顆
有行星的恆星數量	7 顆	8 顆	16 顆	6 顆	1 顆
3 等以上亮星數量	5 顆	4 顆	0 顆	1 顆	3 顆
最亮恆星	α CMa，星等 -1.46	β Gem，星等 -1.15	β Mon，星等 -4.09	ζ Pup，星等 2.25	α CMi，星等 0.34
梅西耶天體數量	1 個	1 個	1 個	3 個	0 個
流星雨名稱		雙子座流星雨 雙子座 ρ 流星雨	麒麟座 α 流星雨 麒麟座十二月流星雨	船尾座 π 流星雨 船尾座 ζ 流星雨	小犬座流星雨
重點觀測天體	α 星（天狼星 / 犬星） M41（疏散星團） NGC2362	α 星（北河二） β 星（北河三） ζ 星（井宿七） η 星（鉞） M35（疏散星團） NGC2392	α 星（闕丘增七） ε 星（四瀆四） S 星（四瀆增一） M50（疏散星團） NGC2332 NGC2344 NGC2364	ζ 星（弧矢增二十二） κ 星（弧矢六） L Y M46（疏散星團） M47（疏散星團） M93（疏散星團） NGC2451 NGC2477	α 星（南河三）

飛魚座	天貓座	巨蟹座	船底座	羅盤座	船帆座
Volans	Lynx	Cancer	Carina	Pyxis	Vela
Vol	Lyn	Cnc	Car	Pyx	Vel
1 月 18 日	1 月 19 日	1 月 30 日	1 月 31 日	2 月 4 日	2 月 13 日
1—3 月	1—3 月	1—3 月	1—4 月	2—3 月	2—4 月
北緯 15° ~ 南緯 90°	北緯 90° ~ 南緯 28°	北緯 90° ~ 南緯 57°	北緯 15° ~ 南緯 90°	北緯 53° ~ 南緯 90°	北緯 33° ~ 南緯 90°
南天（7.5^h，-70°）	北天（8^h，+45°）	黃道（8.5^h，+20°）	南天（9^h，-60°）	南天（9^h，-30°）	南天（9.5^h，-50°）
141 平方度	545 平方度	506 平方度	494 平方度	221 平方度	500 平方度
第 76 位	第 28 位	第 31 位	第 34 位	第 65 位	第 32 位
6 顆	4 顆	5 顆	9 顆	3 顆	5 顆
12 顆	42 顆	76 顆	52 顆	10 顆	50 顆
2 顆	6 顆	10 顆	11 顆	3 顆	7 顆
0 顆	0 顆	0 顆	6 顆	0 顆	5 顆
β Vol，星等 3.77	α Lyn，星等 3.14	β Cnc，星等 3.53	α Car，星等 -72	α Pyx，星等 3.86	γ Vel，星等 1.75
0 個	0 個	2 個	0 個	0 個	0 個
	天貓座 α 流星雨 天貓座十月流星雨	巨蟹座 δ 流星雨	船底座 α 流星雨 船底座 η 流星雨		船帆座 δ 流星雨 船帆座 γ 流星雨
γ 星（飛魚二） ε 星	12 19 38（軒轅三） NGC2419	ζ 星（水位四） ι 星 M44（疏散星團） M67（疏散星團）	α 星（老人星） η 星（海山二） NGC2516 NGC3114 NGC3372（η 星雲） NGC3532 IC2602（南昂宿星團）	T 星	γ 星（天社一） NGC2547 NGC3132 IC2391

星座名稱	六分儀座	小獅座	唧筒座	蝘蜓座	獅子座
英文全稱	Sextans	Leo Minor	Antlia	Chamaeleon	Leo
英文縮寫	Sex	LMi	Ant	Cha	Leo
上中天日期	2 月 22 日	2 月 23 日	2 月 24 日	3 月 1 日	3 月 1 日
最佳觀測月份	2—4 月	2—4 月	2—4 月	3—5 月	3—4 月
可見地點	北緯 79° ~ 南緯 83°	北緯 90° ~ 南緯 48°	北緯 50° ~ 南緯 90°	北緯 7° ~ 南緯 90°	北緯 84° ~ 南緯 57°
星座位置	南天（10^h，0°）	北天（10.5^h，+35°）	南天（10^h，-35°）	南天（11^h，-80°）	黃道（10.5^h，+15°）
目測大小					
星座面積	314 平方度	232 平方度	239 平方度	132 平方度	947 平方度
面積排名	第 47 位	第 64 位	第 62 位	第 79 位	第 12 位
星座美圖					
主要恆星數量	3 顆	3 顆	3 顆	3 顆	9 顆
拜耳 / 佛氏恆星數量	28 顆	34 顆	9 顆	16 顆	92 顆
有行星的恆星數量	5 顆	3 顆	2 顆	1 顆	13 顆
3 等以上亮星數量	0 顆	0 顆	0 顆	0 顆	5 顆
最亮恆星	α Sex，星等 4.49	46LMi，星等 3.83	α Ant，星等 4.25	α Cha，星等 4.05	α Leo，星等 1.35
梅西耶天體數量	0 個	0 個	0 個	0 個	5 個
流星雨名稱	六分儀座流星雨	小獅座流星雨			獅子座流星雨
重點觀測天體	17 18 NGC3115	β 星	唧筒座 ζ 星	δ 星 NGC3195	α 星（軒轅十四） γ 星（軒轅十二） ζ 星（軒轅十一） M65（螺旋星系） M66（螺旋星系） M95（棒旋星系） M96（螺旋星系） M105（橢圓星系） R

大熊座	巨爵座	長蛇座	烏鴉座	南十字座	半人馬座
Ursa Major	Crater	Hydra	Corvus	Crux	Centaurus
UMa	Crt	Hya	Crv	Cru	Cen
3 月 11 日	3 月 12 日	3 月 15 日	3 月 28 日	3 月 28 日	3 月 30 日
3—5 月	3—5 月	3—6 月	3—5 月	3—5 月	3—6 月
北緯 90° ~ 南緯 17°	北緯 65° ~ 南緯 90°	北緯 55° ~ 南緯 83°	北緯 65° ~ 南緯 90°	北緯 25° ~ 南緯 90°	北緯 25° ~ 南緯 90°
北天（11^h，+55°）	南天（11.5^h，-15°）	南天（10^h，-15°）	南天（12.5^h，-20°）	南天（12.5^h，-60°）	南天（13^h，-40°）
	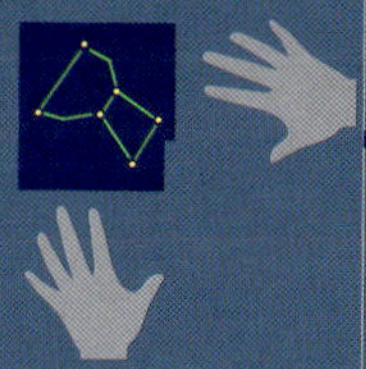		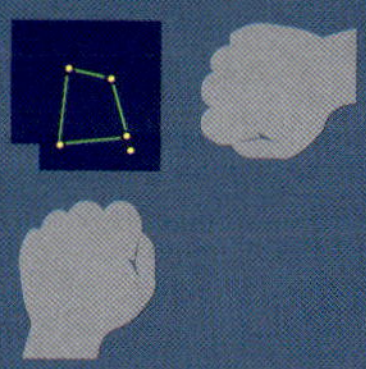	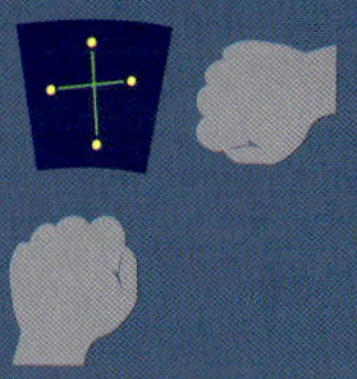	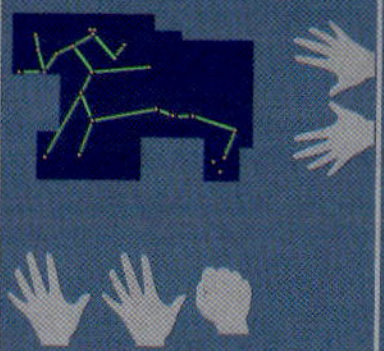
1,280 平方度	282 平方度	1,303 平方度	184 平方度	68 平方度	1,060 平方度
第 3 位	第 53 位	第 1 位	第 70 位	第 88 位	第 9 位

7 顆	4 顆	17 顆	4 顆	4 顆	11 顆
93 顆	12 顆	75 顆	10 顆	19 顆	69 顆
21 顆	7 顆	18 顆	2 顆	2 顆	15 顆
7 顆	0 顆	2 顆	3 顆	5 顆	10 顆
ε UMa，星等 1.76	δ Crt，星等 3.57	α Hya，星等 1.98	γ Crv，星等 2.59	α Crv，星等 0.87	α Cen, 星等 -0.27
7 個	0 個	3 個	0 個	0 個	0 個
大熊座 α 流星雨	巨爵座 η 流星雨	長蛇座 α 流星雨 長蛇座 σ 流星雨	烏鴉座流星雨 烏鴉座 η 流星雨	南十字座流星雨	半人馬座 α 流星雨 半人馬座 o 流星雨 半人馬座 θ 流星雨
ζ 星（開陽） ξ 星（下台二） M81（螺旋星系） M82（星暴星系） M101（螺旋星系） 北斗七星	δ 星（翼宿七）	α 星（星宿一） ε 星（柳宿五） R U M48（疏散星團） M68（球狀星團） M83（棒旋星系） NGC3242	δ 星（軫宿三） NGC4038 NGC4039	α 星（十字架二） β 星（十字架三） γ 星（十字架一） ι 星 μ 星 NGC4755	α 星（南門二） β 星（馬腹一） NGC5139 NGC3918 NGC5128

星座名稱	蒼蠅座	后髮座	獵犬座	室女座	圓規座
英文全稱	Musca	Coma Berenices	Canes Venatici	Virgo	Circinus
英文縮寫	Mus	Com	CVn	Vir	Cir
上中天日期	3 月 30 日	4 月 2 日	4 月 7 日	4 月 11 日	4 月 30 日
最佳觀測月份	3—5 月	4—5 月	4—5 月	4—6 月	4—6 月
可見地點	北緯 15° ~ 南緯 90°	北緯 90° ~ 南緯 56°	北緯 90° ~ 南緯 37°	北緯 68° ~ 南緯 76°	北緯 20° ~ 南緯 90°
星座位置	南天（12.5^h，-70°）	南天（13^h，+20°）	南天（13^h，+40°）	南天（13^h，0°）	南天（15^h，-60°）
目測大小					
星座面積	138 平方度	386 平方度	465 平方度	1,294 平方度	93 平方度
面積排名	第 77 位	第 42 位	第 38 位	第 2 位	第 85 位
星座美圖					
主要恆星數量	6 顆	3 顆	2 顆	9 顆	3 顆
拜耳 / 佛氏恆星數量	13 顆	44 顆	21 顆	96 顆	9 顆
有行星的恆星數量	3 顆	5 顆	4 顆	29 顆	2 顆
3 等以上亮星數量	1 顆	0 顆	1 顆	3 顆	0 顆
最亮恆星	α Mus, 星等 2.69	β Com，星等 4.26	α CVn，星等 2.9	α Vir，星等 0.98	α Cir，星等 3.19
梅西耶天體數量	0 個	8 個	5 個	11 個	1 個
流星雨名稱		后髮座流星雨	獵犬座流星雨	室女座流星雨 室女座 μ 流星雨	圓規座 α 流星雨
重點觀測天體	β 星 θ 星	M64（螺旋星系） M53（球狀星團）	α 星（常陳一） M3（球狀星團） M51（螺旋星系）	α 星（角宿一） γ 星（東上相） M87（橢圓星系） M104（螺旋星系） 室女座星系團	α 星（南門增二）

牧夫座	天秤座	豺狼座	小熊座	北冕座	矩尺座
Bootes	Libra	Lupus	Ursa Minor	Corona Borealis	Norma
Boo	Lib	Lup	UMi	CrB	Nor
5 月 2 日	5 月 9 日	5 月 9 日	5 月 13 日	5 月 19 日	5 月 19 日
5—6 月	5—6 月	5—6 月	5—6 月	5—7 月	5—7 月
北緯 90°～南緯 35°	北緯 60°～南緯 90°	北緯 35°～南緯 90°	北緯 90°～赤緯 0°	北緯 90°～南緯 50°	北緯 30°～南緯 90°
北天（15^h，+30°）	黃道（15^h，-15°）	南天（15.5^h，-40°）	北天（16^h，+80°）	北天（16^h，+30°）	南天（16^h，-50°）
907 平方度	538 平方度	334 平方度	256 平方度	179 平方度	165 平方度
第 13 位	第 29 位	第 46 位	第 56 位	第 73 位	第 74 位
7 顆	4 顆	9 顆	7 顆	8 顆	4 顆
59 顆	46 顆	41 顆	23 顆	24 顆	13 顆
10 顆	3 顆	5 顆	4 顆	5 顆	4 顆
3 顆	2 顆	3 顆	3 顆	4 顆	0 顆
α Boo，星等 -0.04	β Lib，星等 2.61	α Lup，星等 2.3	α UMi，星等 1.97	α CrB，星等 2.21	γ^2 Nor，星等 4.01
1 個	0 個	0 個	0 個	0 個	0 個
牧夫座一月流星雨 牧夫座六月流星雨 象限儀座流星雨	天秤座五月流星雨		小熊座流星雨		矩尺座 γ 流星雨
α 星（大角星） ε 星（梗河一） κ 星（天槍一） μ 星（七公六） ξ 星（左攝提增一）	α 星（氐宿一 / 南螯） β 星（氐宿四 / 北螯） δ 星（氐宿增一） μ 星（氐宿增五） ι 星（氐宿二）	κ 星（騎陣將軍） μ 星（騎官七） ξ 星 τ 星（騎官八） NGC5822	α 星（勾陳一 / 北極星） γ 星（太子 / 北極一） η 星（勾陳四）	ξ 星 υ 星 R	γ 星 ε 星 ι^1 星

星座名稱	天燕座	南三角座	天龍座	天蠍座	巨蛇座
英文全稱	Apus	Triangulum Australe	Draco	Scorpius	Serpens
英文縮寫	Aps	TrA	Dra	Sco	Ser
上中天日期	5 月 21 日	5 月 23 日	5 月 24 日	6 月 3 日	6 月 6 日
最佳觀測月份	5—7 月	5—7 月	5—9 月	6—7 月	6—8 月
可見地點	北緯 7° ~ 南緯 90°	北緯 20° ~ 南緯 90°	北緯 90° ~ 南緯 4°	北緯 44° ~ 南緯 90°	北緯 74° ~ 南緯 64°
星座位置	南天（16^h，-75°）	南天（16^h，-65°）	北天（17^h，+60°）	黃道（17^h，-35°）	蛇頭（15.5^h，+10°） 蛇尾（18.5^h，-5°）
目測大小					
星座面積	206 平方度	110 平方度	1,083 平方度	497 平方度	637 平方度
面積排名	第 67 位	第 83 位	第 8 位	第 33 位	第 23 位
星座美圖					
主要恆星數量	4 顆	3 顆	14 顆	18 顆	57 顆
拜耳 / 佛氏恆星數量	12 顆	10 顆	76 顆	47 顆	15 顆
有行星的恆星數量	2 顆	1 顆	19 顆	14 顆	11 顆
3 等以上亮星數量	0 顆	3 顆	3 顆	13 顆	1 顆
最亮恆星	α Aps，星等 3.83	α TrA，星等 1.91	γ Dra，星等 2.24	α Sco，星等 0.96	α Ser，星等 2.63
梅西耶天體數量	0 個	0 個	1 個	4 個	2 個
流星雨名稱			天龍座流星雨	天蠍座 α 流星雨 天蠍座 ω 流星雨	
重點觀測天體	δ 星	NGC6025	μ 星（天棓增九） ν 星（天棓二） ψ 星（女使增一） 16（七公增二） 17（七公增一） 39（扶筐三） NGC6543	α 星（心宿二） β 星（房宿四） ζ 星（尾宿三） μ 星（尾宿一） υ 星（尾宿九） ξ 星（西咸一） ω 星（鉤鈐） M4（球狀星團） M6（疏散星團） M7（疏散星團） NGC6231	δ 星（秦） θ 星（徐） υ 星 τ1 M5（球狀星團） M16（鷹星雲）

天壇座	蛇夫座	武仙座	南冕座	南極座	盾牌座
Ara	Ophiuchus	Hercules	Corona Austrina	Octans	Scutum
Ara	Oph	Her	CrA	Oct	Sct
6 月 10 日	6 月 11 日	6 月 13 日	6 月 30 日		7 月 1 日
6—7 月	6—7 月	6—8 月	6—8 月	10—11 月	7—8 月
北緯 22°～南緯 90°	北緯 60°～南緯 76°	北緯 90°～南緯 39°	北緯 44°～南緯 90°	北緯 0°～南緯 90°	北緯 74°～南緯 90°
南天（17.5^h，+50°）	黃道（17^h，-5°）	北天（17^h，+30°）	南天（18.5^h，-40°）	南天（21^h，-80°）	南天（18.5^h，-10°）
237 平方度	948 平方度	1,225 平方度	128 平方度	291 平方度	109 平方度
第 63 位	第 11 位	第 5 位	第 80 位	第 50 位	第 84 位
8 顆	10 顆	14 顆	6 顆	3 顆	2 顆
17 顆	62 顆	106 顆	14 顆	27 顆	7 顆
7 顆	15 顆	15 顆	2 顆	3 顆	1 顆
2 顆	5 顆	2 顆	0 顆	0 顆	0 顆
β Ara，星等 2.84	α Oph，星等 2.08	β Her，星等 2.78	α CrA，星等 4.1	υ Oct，星等 3.73	α Sct，星等 3.85
0 個	7 個	2 個	0 個	0 個	2 個
	蛇夫座流星雨 蛇夫座北五月流星雨 蛇夫座南五月流星雨 蛇夫座 θ 流星雨	武仙座 τ 流星雨	南冕座流星雨		盾牌座六月流星雨
NGC6193 NGC6397	ρ 星（心宿增四） 巴納德星 36（天江二） 70（宗人四） M10（球狀星團） M12（球狀星團） NGC6633 IC4665	α 星（帝座） ρ 星（女床三） 95（帛度一） 100（屠肆一） M13（球狀星團） M92（球狀星團）	γ 星 κ 星 NGC6541	σ 星 λ 星	δ 星（天弁二） R M11（疏散星團） M26（疏散星團）

星座名稱	天琴座	孔雀座	人馬座	望遠鏡座	天鷹座
英文全稱	Lyra	Pavo	Sagittarius	Telescopium	Aquila
英文縮寫	Lyr	Pav	Sgr	Tel	Aql
上中天日期	7月4日	7月5日	7月7日	7月10日	7月16日
最佳觀測月份	7—8月	7—9月	7—8月	7—8月	7—8月
可見地點	北緯 90°～南緯 42°	北緯 15°～南緯 90°	北緯 45°～南緯 90°	北緯 33°～南緯 90°	北緯 78°～南緯 71°
星座位置	北天（19^h，+35°）	南天（19.5^h，-65°）	黃道（19^h，-25°）	南天（19.5^h，-50°）	北天（19.5^h，0°）
目測大小					
星座面積	286 平方度	378 平方度	867 平方度	252 平方度	625 平方度
面積排名	第 52 位	第 44 位	第 15 位	第 57 位	第 22 位
星座美圖					
主要恆星數量	5 顆	7 顆	12 顆	2 顆	10 顆
拜耳 / 佛氏恆星數量	25 顆	24 顆	68 顆	13 顆	65 顆
有行星的恆星數量	0 顆	6 顆	32 顆	0 顆	9 顆
3 等以上亮星數量	1 顆	1 顆	7 顆	0 顆	3 顆
最亮恆星	α Lyr，星等 0.03	α Pav，星等 1.91	ε Sgr，星等 1.79	α Tel，星等 3.49	α Aql，星等 0.76
梅西耶天體數量	2 個	0 個	15 個	0 個	0 個
流星雨名稱	天琴座流星雨 天琴座 α 流星雨 天琴座六月流星雨	孔雀座八月流星雨 孔雀座 δ 流星雨			天鷹座流星雨
重點觀測天體	α 星（織女一） β 星（漸臺二） δ 星（漸臺一） ε 星（織女二） ζ 星（織女三） M57（環狀星雲）	κ 星 ζ 星 NGC6752	β 星（天淵一、二茶壺） M8（礁湖星雲） M17（歐米伽星雲） M20（三裂星雲） M22（球狀星團） M23（疏散星團） M24（人馬座恆星雲） M25（疏散星團）	δ 星	α 星（牛郎星） η 星（天桴四）

天箭座	狐狸座	天鵝座	海豚座	顯微鏡座	摩羯座
Sagitta	Vulpecula	Cygnus	Delphinus	Microscopium	Capricornus
Sge	Vul	Cyg	Del	Mic	Cap
7 月 16 日	7 月 25 日	7 月 30 日	7 月 31 日	8 月 4 日	8 月 8 日
7—9 月	7—9 月	7—9 月	7—9 月	8—9 月	8—9 月
北緯 90°～南緯 69°	北緯 90°～南緯 61°	北緯 90°～南緯 29°	北緯 90°～南緯 69°	北緯 45°～南緯 90°	北緯 62°～南緯 90°
北天（19.5^h，+20°）	北天（20^h，+25°）	北天（20.5^h，+45°）	北天（20.5^h，+15°）	南天（21^h，-35°）	黃道（21^h，-20°）
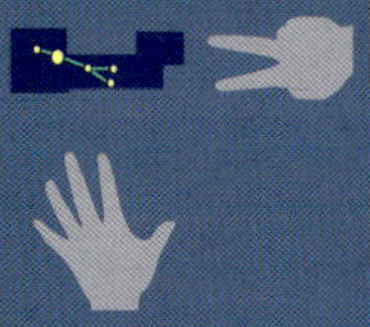	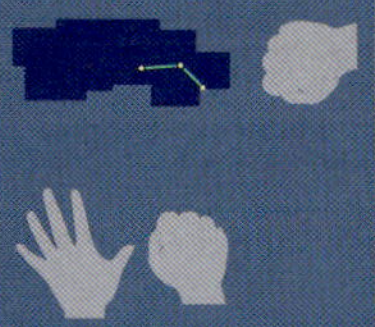	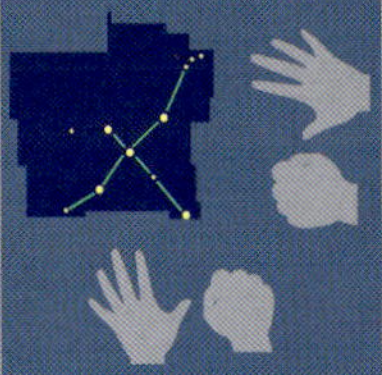	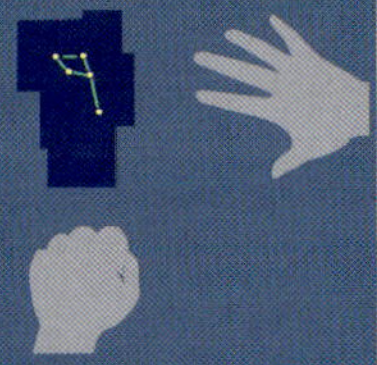	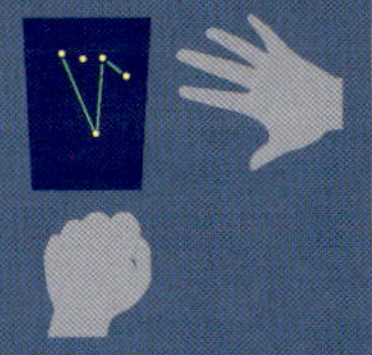	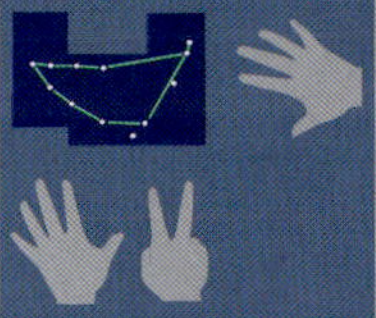
80 平方度	268 平方度	804 平方度	189 平方度	210 平方度	414 平方度
第 86 位	第 55 位	第 16 位	第 69 位	第 66 位	第 40 位
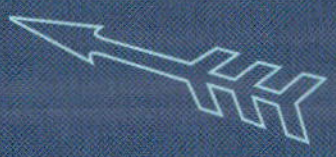				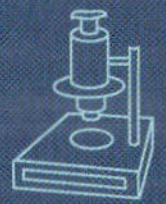	
4 顆	5 顆	9 顆	5 顆	5 顆	9 顆
19 顆	33 顆	84 顆	19 顆	13 顆	49 顆
2 顆	5 顆	97 顆	5 顆	2 顆	5 顆
0 顆	0 顆	4 顆	0 顆	0 顆	1 顆
γ Sge，星等 3.15	α Vul，星等 4.44	α Cyg，星等 1.25	β CMa，星等 3.63	γ Mic，星等 4.67	δ Cap，星等 2.85
1 個	1 個	2 個	0 個	1 個	1 個
		天鵝座十月流星雨 天鵝座 κ 流星雨		顯微鏡座流星雨	摩羯座 α 流星雨 摩羯座 χ 流星雨 摩羯座 σ 流星雨 摩羯座 τ 流星雨 摩羯 - 人馬流星雨
M71（球狀星團）	M27（啞鈴星雲） 布羅基星團	α 星（天津四） β 星（輦道增七） o^1 星 χ 星（輦道五） 61、A、X-1 M39（疏散星團） NGC6826 NGC6992 NGC7000	α 星（瓠瓜一） β 星（瓠瓜四） γ 星（瓠瓜二） δ 星（瓠瓜三）	α 星（璃瑜一）	α 星（牛宿二） β 星（牛宿一）

星座名稱	小馬座	印第安座	寶瓶座	南魚座	天鶴座
英文全稱	Equuleus	Indus	Aquarius	Piscis Austrinus	Grus
英文縮寫	Equ	Ind	Aqr	PsA	Gru
上中天日期	8 月 8 日	8 月 12 日	8 月 25 日	8 月 25 日	8 月 28 日
最佳觀測月份	8—10 月	8—10 月	8—10 月	8—10 月	8—10 月
可見地點	北緯 90°～南緯 77°	北緯 75°～南緯 90°	北緯 65°～南緯 87°	北緯 53°～南緯 90°	北緯 33°～南緯 90°
星座位置	北天（21.2^h，+10°）	南天（22^h，-55°）	黃道（22.5^h，-10°）	南天（22.5^h，-30°）	南天（22.5^h，-45°）
目測大小					
星座面積	72 平方度	294 平方度	980 平方度	245 平方度	366 平方度
面積排名	第 87 位	第 49 位	第 10 位	第 60 位	第 45 位
星座美圖					
主要恆星數量	3 顆	3 顆	10 顆	7 顆	8 顆
拜耳 / 佛氏恆星數量	10 顆	16 顆	97 顆	21 顆	28 顆
有行星的恆星數量	2 顆	3 顆	12 顆	3 顆	6 顆
3 等以上亮星數量	0 顆	0 顆	2 顆	1 顆	3 顆
最亮恆星	α Equ，星等 3.92	α Ind，星等 3.62	β Aqr，星等 2.91	α PsA，星等 1.16	α Gru，星等 -1.73
梅西耶天體數量	1 個	1 個	3 個	0 個	0 個
流星雨名稱			寶瓶座 η 流星雨 寶瓶座 δ 流星雨 寶瓶座 ι 流星雨 寶瓶座 κ 流星雨		
重點觀測天體	γ 星（司非一） ε 星（虛宿增四）	ε 星（波斯七） θ 星（波斯四）	ζ 星（坟墓一） M2（球狀星團） NGC7009 NGC7293	α 星（北落師門） β 星（敗臼增一） γ 星（敗臼三）	δ 星 μ 星

蝎虎座	飛馬座	杜鵑座	玉夫座	雙魚座	仙王座
Lacerta	Pegasus	Tucana	Sculptor	Pisces	Cepheus
Lac	Peg	Tuc	Scl	Psc	Cep
8 月 28 日	9 月 1 日	9 月 17 日	9 月 26 日	9 月 27 日	9 月 29 日
8—10 月	9—10 月	9—11 月	9—11 月	9—11 月	9—10 月
北緯 90° ~ 南緯 33°	北緯 90° ~ 南緯 57°	北緯 14° ~ 南緯 90°	北緯 50° ~ 南緯 90°	北緯 83° ~ 南緯 57°	北緯 90° ~ 南緯 1°
北天（22.5^h，+47°）	北天（23^h，+20°）	南天（0^h，-65°）	南天（0.5^h，-30°）	黃道（1^h，+10°）	北天（22^h，+70°）
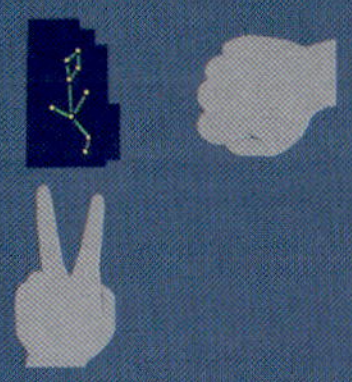	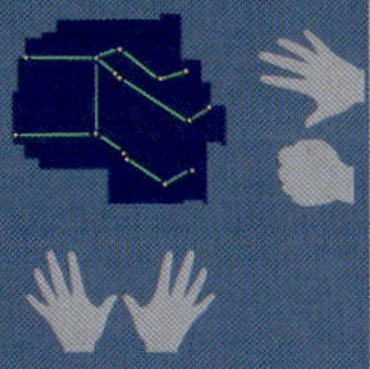	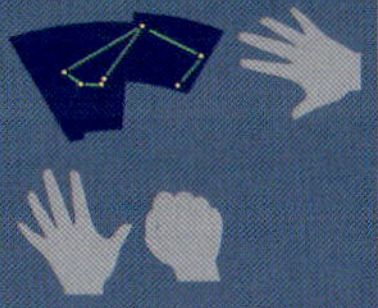	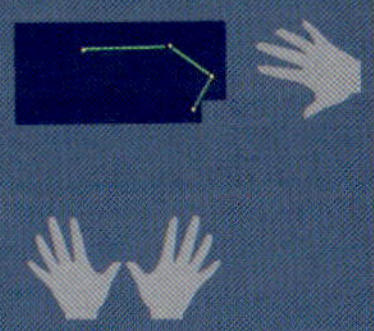	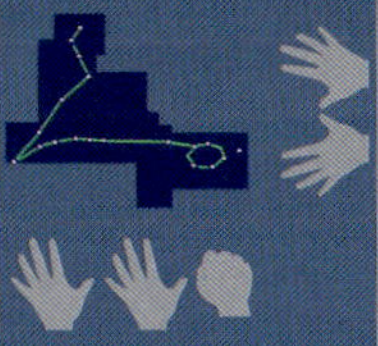	
201 平方度	1,121 平方度	295 平方度	475 平方度	889 平方度	588 平方度
第 68 位	第 7 位	第 48 位	第 36 位	第 14 位	第 27 位

5 顆	9 顆	3 顆	4 顆	16 顆	7 顆
17 顆	88 顆	17 顆	18 顆	86 顆	43 顆
12 顆	12 顆	5 顆	6 顆	13 顆	1 顆
0 顆	5 顆	1 顆	0 顆	0 顆	1 顆
α Lac，星等 3.76	ε Peg，星等 2.38	α Tuc，星等 2.87	α Scl，星等 4.3	η Psc，星等 3.62	α Cep，星等 2.45
0 個	1 個	0 個	0 個	1 個	0 個
	飛馬座六月流星雨			雙魚座流星雨	
BL	β 星（室宿二） ε 星（危宿三） M15（球狀星團）	β 星（鳥喙四） κ 星 NGC104 NGC362 小麥哲倫星雲	ε 星 R NGC55 NGC253	α 星（外屏七） ζ 星（外屏三） ψ^2 星（奎宿十六） TX 星 小環 M74（螺旋星系）	β 星（上衞增一） δ 星（造父一） μ 星（石榴星 / 造父四）

星座名稱	鳳凰座	仙女座	仙后座	鯨魚座	三角座
英文全稱	Phoenix	Andromeda	Cassiopeia	Cetus	Triangulum
英文縮寫	Phe	And	Cas	Cet	Tri
上中天日期	10 月 4 日	10 月 9 日	10 月 9 日	10 月 15 日	10 月 23 日
最佳觀測月份	10—11 月	10—11 月	10—12 月	10—12 月	10—12 月
可見地點	北緯 32° ~ 南緯 90°	北緯 90° ~ 南緯 37°	北緯 90° ~ 南緯 12°	北緯 65° ~ 南緯 80°	北緯 90° ~ 南緯 53°
星座位置	南天（1^h，-50°）	北天（1^h，+40°）	北天（1^h，+60°）	南天（1.5^h，-10°）	北天（2^h，+30°）
目測大小					
星座面積	469 平方度	722 平方度	598 平方度	1,231 平方度	132 平方度
面積排名	第 37 位	第 19 位	第 25 位	第 4 位	第 78 位
星座美圖					
主要恆星數量	4 顆	16 顆	5 顆	15 顆	3 顆
拜耳 / 佛氏恆星數量	25 顆	65 顆	53 顆	88 顆	14 顆
有行星的恆星數量	10 顆	16 顆	7 顆	23 顆	3 顆
3 等以上亮星數量	1 顆	3 顆	4 顆	2 顆	0 顆
最亮恆星	α Phe，星等 2.4	β And，星等 2.07	α Cas，星等 2.15	β Cet，星等 2.04	β Tri，星等 3.0
梅西耶天體數量	0 個	3 個	2 個	1 個	1 個
流星雨名稱	鳳凰座流星雨	仙女座流星雨		鯨魚座十月流星雨 鯨魚座 η 流星雨 鯨魚座 o 流星雨	
重點觀測天體	β 星（火鳥九） ζ 星（水委二）	γ 星（天大將軍一） M31（螺旋星系） NGC752 NGC7662	γ 星（策） η 星（王良三） ρ 星（騰蛇十二） M52（疏散星團） NGC457	o 星（芻藁增二） τ 星（天倉五） M77（棒旋星系）	M33（螺旋星系）

水蛇座	白羊座	天爐座	英仙座	波江座	時鐘座
Hydrus	Aries	Fornax	Perseus	Eridanus	Horologium
Hyi	Ari	For	Per	Eri	Hor
10 月 26 日	10 月 30 日	11 月 2 日	11 月 7 日	11 月 10 日	11 月 10 日
10—12 月	10—12 月	11—12 月	11—12 月	11—1 月	11—12 月
北緯 8°～南緯 90°	北緯 90°～南緯 59°	北緯 50°～南緯 90°	北緯 90°～南緯 31°	北緯 32°～南緯 90°	北緯 23°～南緯 90°
南天（2^h，-70°）	黃道（2.5^h，+20°）	南天（3^h，-30°）	北天（3.5^h，+45°）	南天（4^h，-20°）	南天（3^h，-50°）
243 平方度	441 平方度	398 平方度	615 平方度	1,138 平方度	249 平方度
第 61 位	第 39 位	第 41 位	第 24 位	第 6 位	第 58 位
3 顆	4 顆	2 顆	19 顆	24 顆	6 顆
19 顆	67 顆	27 顆	65 顆	87 顆	10 顆
4 顆	6 顆	7 顆	7 顆	32 顆	2 顆
2 顆	2 顆	0 顆	5 顆	4 顆	0 顆
β Hyi，星等 2.82	α Ari，星等 2.01	α For，星等 3.8	α Per，星等 1.79	α Eri，星等 0.46	α Hor，星等 3.85
0 個	0 個	0 個	2 個	0 個	0 個
	白羊座五月流星雨 白羊座秋季流星雨 白羊座白晝流星雨 白羊座 δ 流星雨 白羊座 ε 流星雨		英仙座流星雨 英仙座九月流星雨		
π 星	γ 星（婁宿二）	α 星（天苑增三） 32	α 星（天船三） β 星（大陵五） ρ 星（大陵六） M34（疏散星團） NGC869 NGC884	α 星（水委一） ε 星（天苑四） θ 星（天園六） o^2（九州殊口增七） 32	R Tw

星座名稱	網罟座	金牛座	雕具座	獵戶座	天兔座
英文全稱	Reticulum	Taurus	Caelum	Orion	Lepus
英文縮寫	Ret	Tau	Cae	ori	Lep
上中天日期	11 月 19 日	11 月 30 日	12 月 1 日	12 月 13 日	12 月 14 日
最佳觀測月份	11—1 月	11—1 月	12—1 月	12—1 月	12—2 月
可見地點	北緯 23° ~ 南緯 90°	北緯 90° ~ 南緯 59°	北緯 41° ~ 南緯 90°	北緯 79° ~ 南緯 67°	北緯 63° ~ 南緯 90°
星座位置	南天（4^h，-60°）	黃道（4.5^h，+20°）	南天（5^h，-40°）	北天（5.5^h，+5°）	南天（5.5^h，-20°）
目測大小					
星座面積	114 平方度	797 平方度	125 平方度	594 平方度	290 平方度
面積排名	第 82 位	第 17 位	第 81 位	第 26 位	第 51 位
星座美圖					
主要恆星數量	4 顆	19 顆	4 顆	7 顆	8 顆
拜耳 / 佛氏恆星數量	11 顆	132 顆	8 顆	81 顆	20 顆
有行星的恆星數量	7 顆	9 顆（待選）	1 顆	10 顆	3 顆
3 等以上亮星數量	0 顆	4 顆	0 顆	8 顆	2 顆
最亮恆星	α Ret，星等 3.33	α Tau，星等 0.85	α Cae，星等 4.45	β Ori，星等 0.12	α Lep，星等 2.58
梅西耶天體數量	0 個	2 個	0 個	3 個	1 個
流星雨名稱		金牛座流星雨 金牛座 β 流星雨		獵戶座流星雨 獵戶座 χ 流星雨	
重點觀測天體	ζ 星	α 星（畢宿五） θ 星（畢宿星團） λ 星（畢宿八） M1（蟹狀星雲） M45（昴星團）	γ 星	α 星（參宿四） β 星（參宿七） θ 星（四合星） δ 星（參宿三） M42（獵戶座星雲） NGC1981 馬頭星雲	γ 星（廁三） R M79（球狀星團） NGC2017

山案座	繪架座	劍魚座	天鴿座	御夫座	鹿豹座
Mensa	Pictor	Dorado	Columba	Auriga	Camelopardalis
Men	Pic	Dor	Col	Aur	Cam
12 月 14 日	12 月 16 日	12 月 17 日	12 月 18 日	12 月 21 日	12 月 23 日
12—2 月	12—2 月	12—1 月	12—2 月	12—2 月	12—5 月
北緯 5° ~ 南緯 90°	北緯 26° ~ 南緯 90°	北緯 20° ~ 南緯 90°	北緯 47° ~ 南緯 90°	北緯 90° ~ 南緯 34°	北緯 90° ~ 南緯 5°
南天（5.5^h，-75°）	南天（6^h，-50°）	南天（5^h，-20°）	南天（6^h，-35°）	北天（6^h，-40°）	北天（6^h，+70°）
153 平方度	247 平方度	179 平方度	270 平方度	657 平方度	757 平方度
第 75 位	第 59 位	第 72 位	第 54 位	第 21 位	第 18 位
4 顆	3 顆	3 顆	5 顆	5 顆	2 顆
16 顆	15 顆	14 顆	18 顆	65 顆	36 顆
2 顆	6 顆	5 顆	1 顆	7 顆	4 顆
0 顆	0 顆	0 顆	1 顆	4 顆	0 顆
α Men，星等 5.09	α Pic，星等 3.3	α Dor，星等 3.27	α Col，星等 2.65	a Aur，星等 0.08	β Cam，星等 4.03
0 個	0 個	0 個	0 個	3 個	0 個
				御夫座 α 流星雨 御夫座 δ 流星雨	鹿豹座十月流星雨
α 星	β 星（老人增四） τ 星	β 星（金魚三） NGC2070 超新星 1987A 大麥哲倫星雲	α 星（丈人一） μ 星	α 星（五車二） ε 星（柱一） ζ 星（柱二） M36（疏散星團） M37（疏散星團） M38（疏散星團）	β 星（八谷增十四） NGC1502

天文觀測超圖解
星空篇
Astronomical Observation Guide

著者
李德生

責任編輯
潘俊賢

裝幀設計
鍾啟善

排版
楊詠雯

出版者
萬里機構出版有限公司
香港北角英皇道 499 號北角工業大廈 20 樓
電話：2564 7511　　傳真：2565 5539
電郵：info@wanlibk.com
網址：http://www.wanlibk.com
http://www.facebook.com/wanlibk

發行者
香港聯合書刊物流有限公司
香港荃灣德士古道 220-248 號荃灣工業中心 16 樓
電話：2150 2100　　傳真：2407 3062
電郵：info@suplogistics.com.hk
網址：http://www.suplogistics.com.hk

承印者
中華商務彩色印刷有限公司
香港新界大埔汀麗路 36 號

出版日期
二〇二四年十一月第一次印刷
二〇二五年九月第二次印刷

規格
特 16 開（220mm × 170mm）

ISBN 978-962-14-7578-7

本書繁體字版由廣東科技出版社有限公司授權出版。